制商整合管理

贠晓哲　著

中国农业出版社

本书受以下项目资助

北京市学科与研究生教育专项：企业管理重点学科（PXM2009－014224－073272）、（PXM2010－014224_095600）、企业管理学科基地（PXM2009－014224－074118）

前言

自工业革命以来，无论制造业还是商业，都在利用有限的资源，来达到经济价值的极大化，进而也发展出了产业的自动化。在产业自动化后，确实带来了资源的有效利用（如制造业自动化使得生产成本下降、不良品减少等），而商业自动化则带来了消费者的需求被更及时和更充分的了解，同时使得存货的管制及货品的上架也越来越符合实际，且带来了更多的买气。然而，制造业自动化与商业自动化通常是在不同的组织系统中被分别运用，这就使得供给与需求的在线契合被割裂，导致自动化效益的缺失。因此，制商整合管理就有了必要性和迫切性。

所谓制商整合，就是利用自动化与信息化技术，配合信息共享、标准化、制度化、合理化与快速反应观念，以及创新与服务导向的管理策略，将顾客需求迅速实现成商品，精准而有效率地传送至零售卖场与消费者。基于提高生产效率、降低生产成本、改善商品流通通路效率、迅速响应消费者多变的需求，以提升商品的竞争力。

传统组织通常被规划为层级式组织，而组织界限往往会阻碍流程管理。制商整合的观念就是在供货商至使用者之间建构的以金流、物流和信息流为基础的一个整合性系统，目标是最大的客户服务，同时成本最小化，并降低运筹输配线中的存货。制商整合的运作范畴可以描述为：供货商（原物料或零组件）、制造商、配送商、零售商及相关业者之间的垂直整合，企业间通过互联网及信息共享原则，以达到企业间快速整合专业资源、迅速响应市场需求、扩大企业营运范畴及环境变化。在此环境下，制造者利用信息网络系统搜集消费流行趋势及需求，制造出符合消费者需求的产品，以提供最佳服务，并通过经销商获得销售情报，快速反应需求量。零售商则利用信息网络与厂商及顾客进行订货、文件传送、电子交易等商业活动。而商品的配送，则由专业物流公司负责，实现经济订购量，降低物流成本。零售商为销售其商品，并降低成本，则利用现代化经营管理技术以及以顾客满意为导向的服务，来增加本身的竞争能力。另外，在整个产销通路下，全盘规划环境设施，以符合环保及经营效能。

近年来，我国企业在经营环境上不断遭遇各项挑战，如环保意识提高、薪资上涨、基层劳动力不足及全球化竞争等。为配合国家经济发展策略及适应产业发展需求，加速培养具有制商整合能力的新型人才，实为刻不容缓的工作之一。因此，在这样的产业环境下，如何执行自动化、信息化、电子化及整合化的策略管理，并培育制商整合相关人才，持续提升国家竞争力，乃当前科技人才培育之重要课题。

本书以制造业自动化和商业自动化的整合来探讨整合之后的最大效益；同时，就制商整合后的管理策略及其运作流程进行了系统说明，以期能对我国产业界的实务管理工作，特别是制商整合人才的培养有所借鉴。本书在写作过程中，参考了国内外许多专家、学者的著作，在此一并致谢！

作　者

2010年10月

目录

前言

1　制商整合研究的理论基础

过去产业的发展着重于内部资源的整合及系统的有效利用，使其在有限的成本下发挥最大的产能（如MRPⅡ及JIT），但是在后PC时代（即在网络发展后），很多产业上的竞争已趋于多元化而无法面对多变的市场需求。

产业自动化加上因特网的应用已成为现在的趋势，而产业发生突破性的发展，使得制造业自动化产品的控制与商业自动化掌握对前端消费者第一手消费信息的整合将可能成为未来的趋势。这也如同Arrow（1975）指出，厂商的整合，可以借此增强对现货市场价格的预测，以及选择适当资本投入的能力，避免因信息不足所造成的生产效率损失；过去产业一味地重视生产的供给面，却忽略市场需求面的重要性，常常生产出忽略消费者真正需求的产品，因此就容易产生不必要的浪费（如资金、存货等）；由于电子商务的导入再加上供应链管理（Supply Chain Management）及商业快速响应系统（Quick Response/Efficient Consumer Response，QR/ECR）的整合，厂商、经销商和消费者的渠道变得更直接，企业在营运上也来得快速，在产业的竞争上增加了更多的利基，Kalakota和Whinston（1997）指出QR/ECR可降低成本10%，提升效率123%。因此，为能妥善运用QR/ECR技术，提升企业本身及整体产业的竞争力，供应链中的成员往往通过战略联盟的关系紧密结合在一起共享彼此的信息。

制造业自动化与商业自动化整合后，厂商的供给量和消费者的需求量在原本的供需市场上的信息变得更加透明化（就厂商本身而言），供需的平衡点再也不是看不见的一只手，厂商可利用网络上的技术，运用“接单生产制造”（Build to Order，BTO）系统和快速反应系统，使产品的量、质及形式都能符合顾客的追求，让产品得到顾客的追求，进而达到“物尽其用”的配置效果。

1.1 由战略联盟看制商整合

在Lynch（1989）的书中将战略联盟（Strategic Alliance）与合资（Joint Venture）区分开来。他认为二者都是两个以上的企业彼此间的合作行为，而该行为具有战略性的目的，即盟员因互利而结合，且彼此保留其企业的独立自主（有别于并购）并分担责任、报酬及风险。二者的差别在于，当合作行为创造出一新的企业个体时，则此种合作行为乃属合资；否则，则为战略联盟。

在Lei和Slocum（1991）对全球战略联盟的分类中，将授权、合资及企业间的合作组织（Consortium）都包括在战略联盟的范围内。吴青松（1991）自陈其个人对战略联盟的定义曾有转变。他早先的战略联盟定义为：“竞争者间非市场导向的公司间交易，包括科技间的相互移转、共同营销、合作生产、研发及少数或同等股权投资（合资企业）等”。其后则强调战略联盟中“战略”层面的意义，认为“联盟具有强化企业体竞争优势或维持竞争均衡的作用者均属战略联盟”。

蔡正扬、许政郎（1991）综合Devlin & Bleackley（1988）及Ohmae（1989）等人的看法，也认为“战略”是战略联盟的关键词，且凡是在强化企业长期竞争优势的前提下，一种基于基本使命及方向的战略行动或长期规划，其目的乃是要达成企业既定的长期目标。简单地说，凡是基于公司战略导向的长期合作关系都可视为战略联盟。

本研究采取蔡正扬（1991）较为广义的定义如下：“战略联盟就是企业间互利共生的合作方式，双方通过联合、结盟、创造有利条件，以取得强而有力的竞争优势”。

各家定义所以不同，部分是起因于认知的差异，部分是因研

究需要的不同所致。本研究之所以采取较为广义的定义，主要也就是为了能容纳较广泛的各类企业合作行为的相关文献，使本研究的素材较为丰富。

由制商整合的观点来看，其实制商整合就是大型的战略联盟，而林君维（1998）对制商整合的组织架构中的快速反应系统曾说明，制商整合下的快速反应系统建置，必须将整体供应链中企业的信息流、物流、商流以及金流，做最完整的交换以及整合，否则企业体之间的生产、配送与销售信息不能得到充分的交流，所谓的制商整合亦如罔谈。为求达成此一目标，最佳的方式就是全体相关的业者，首先必须摒弃成见，成立制商整合快速反应系统的供配战略联盟，而将联盟内的所有快速反应运作交由“快速反应中心（QR Center）”来负责，如图 1-1，并以联盟的全体总利益极大化为出发点，做出最佳的供配决策。

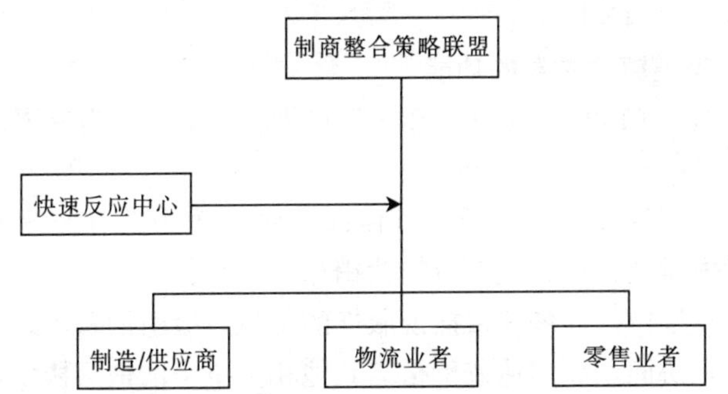

图 1-1　制商整合供配战略联盟组织架构图（林君维，1998）

1.2　营销渠道的整合

1.2.1　营销渠道的定义

Kotler（1994）主张生产者都通过营销中间机构，将其产品由生产者转移到消费者手中，这些营销中间机构即组成了营销渠道（Marketing Channel），又称为交易渠道（Trade Channel）或配销渠道（Distribution Channel）；而 Bucklin（1996）认为营销渠道系由一些机构组合而成，其负责将产品与所有权由生产者转移到消费者手中的所有活动。此外依据 Stern 与 El-Ansary（1998）对营销渠道的定义："营销渠道可视为由一群相互关联的组织所构成，这些组织将促使产品或服务能够顺利地被使用或消费"。由此可知，渠道是一群为达到消费者需求的相关组织所形成。

1.2.2 营销渠道整合的功能

营销渠道整合的功能可从两方面来说明：

1. 渠道整合的经济效益

渠道整合的经济效益，表现为批发业可减少制造业与零售业的接触次数而降低工作量的经济效益，如图 1-2 可知，利用渠道整合可达到减少工作量，其交易次数由原来的 18（3×3+3×3）次降为 6（3+3）次。

2. 渠道整合本身的功能

Kotler（1994）认为渠道整合的功能之中，较为重要的有下列九项：

（1）信息提供。选择并且传播营销环境中潜在与现有消费者、竞争者及其他相关人员的营销相关研究信息。

（2）推广。发展并传播说服性的信息以吸引消费者。

（3）协商。试图达成价格与其他相关事项的最后协议，使产品的所有权移转。

（4）订货。通过渠道成员向制造商传递购买意愿。

（5）融资。取得并分配资金，使渠道流通中的任一机构的存货都能达所需的预定水平。

（6）风险承担。承担因执行渠道任务而产生的风险。

（7）实体持有。所有有关产品的储存与运送。

（8）付款。买者将购买产品或服务的款项，通过银行或其他机构支付。

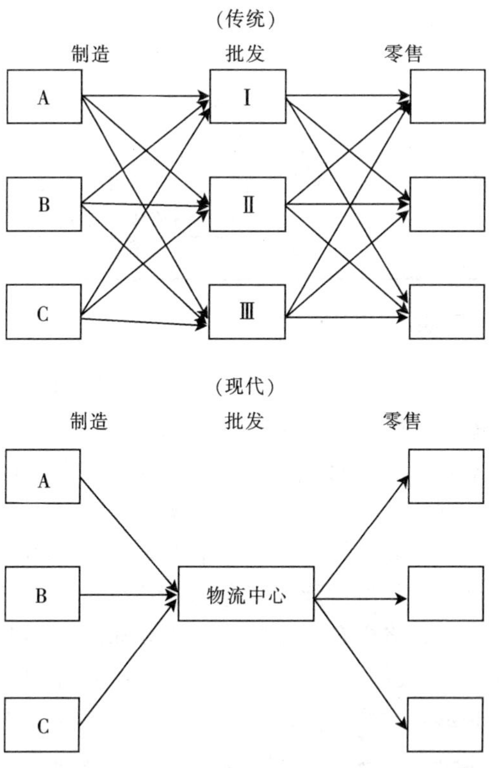

图 1－2　制商整合供配战略联盟组织架构图（林君维，1998）

（9）所有权移转。营销机构间的所有权移转。

黄思明（1994）对渠道功能和渠道的作业有明显的细分，如表1－1。

表 1－1　渠道菜单

渠道功能		渠道作业
商流	物权拥有　协商　财务融资　风险承担　促销活动	商品企划　市场开发　交易谈判（采购、销售）资金融通　风险分摊　物权转移

（续）

渠道功能		渠道作业
物流	实体持有	运输　装卸　搬运　仓储　捡货　分装加工　路线安排　派车　配送　上架　保管　其他服务
信息流	订购流程	促销信息传递　销售信息搜集　顾客数据管理　订单处理　库存管理　账务管理　财务管理
金流	付款作业	收付货款

1.2.3 营销渠道的流程

营销渠道执行将产品由制造商移转至消费者的工作，其必须克服存在于产品、服务与使用者之间的时间、空间及所有权等的障碍。因此生产者、批发商、零售商及其他存在于渠道的成员，需执行许多关键的功能，参与营销流程。

Fisk（1967）认为在渠道中产品交易的发生包含有实体分配、所有权移转、交易付款、信息沟通及风险分担等五种流程；在交易的过程中，将会有许多渠道成员参与其中，以利于上述五种流程的完成。根据 Sternet et al.（1996）提出的营销流程（marketing flows）主要有八项：

（1）实体持有（possession）。指从制造商到最终顾客期间，关于实体产品的储存与配送。

（2）物权拥有（ownership）。指产品的所有权从营销渠道一阶层到另一阶层的实际转移。

（3）促销活动（promotion）。指发展与传播产品设计特色的说服性沟通，以吸引消费者。

（4）协商功能（negotiation）。企图使所提供的商品在价格与其他条件上，能达成最终的协议。

（5）财务融资（financing）。指资金的取得与分配，使营销渠道中各阶层的存货都能达到预定的水平。

（6）风险承担（risk）。指因执行渠道任务而产生的风险。

（7）订购流程（ordering）。指通过渠道成员向制造商传递订购的意愿。

（8）付款作业（payment）。指购买者通过银行或其他金融机构支付购买产品或服务的款项。

这些功能与流程存在于任两阶层的成员间，其中实体持有、物权拥有、促销活动三项为前项流程（forward flows）；而协商功能、财务融资、风险承担三项为双项流程（both direction）；订购流程、付款作业二项为后项流程（backward flows）。图 1 - 3 显示此八项流程界定了生产者、批发商、零售商及消费者为渠道的整体产出所付的贡献。

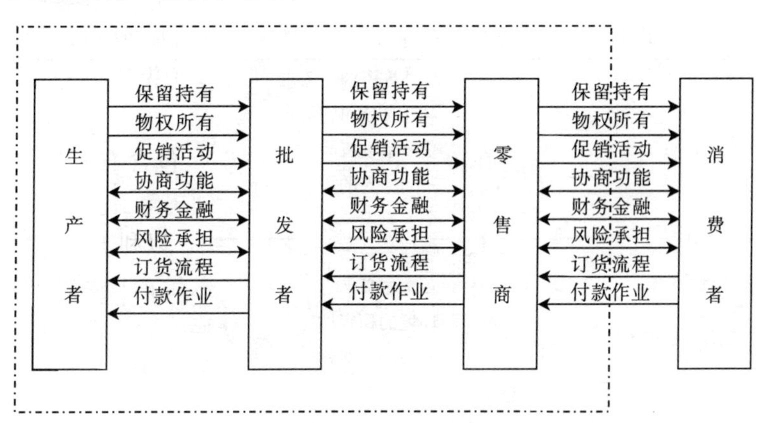

图 1 - 3 营销渠道流程（Stern et al.，1996）

由生产者、批发商、零售商三者构成所谓的商业渠道子系统（Commercial Channel Subsystem），若以系统观点来论述其系统产出，则相互间功能/流程的转移，有助于渠道整体产出。当供货商配送频率改变时，会造成功能在成员之间的移转。

1.2.4 营销渠道整合

1. 渠道整合的动机

在愈来愈竞争的全球企业环境中，结盟或发展营销渠道整合合伙关系，是许多公司以最少投资、最小风险发展成为世界级企业的方法。然而发展这种营销渠道整合关系是具有挑战性和一定难度的。因为整合的关系包括战略、建立施行计划的沟通系统、人力资源的投资、整合成员彼此之间组织文化、整合的哲学，以及目标等。即使是对有整合经验的渠道成员来说，要达到全面性的考虑的难度亦是颇高。既然整合具有高度的困难，为何要整合？我们可由其动机看出，因为整合的动机可以反映出参与整合的各公司的目标。如果各公司的目标不一致，合伙关系将会失败，由此可知动机的重要性。表 1－2 汇整了各学者对动机的看法。

表 1－2　渠道整合的动机（Frankel 和 Schmitz，1996）

Van de ven（1976）	对外界资源的需求 对外界公司的需求 获取市场机会 获知他人的需求 个人熟识
Olive（1990）	强烈的必要性 互惠主义 环境的稳定性 权力的不对称 效率 合法性
Ellram and Cooper（1990）	经济的（财务风险、成本及质量） 管理的（特指组织效率） 战略的（为竞争优势定位）
Bowersox（1992）	通过专业化降低成本 联合综效 增加信息来支持规划 增强顾客服务 减少/分担风险 分享创意 获得竞争优势

（续）

Hagedoorn（1993）	技术的发展及获得 降低成本 获得市场及商机 降低不确定性 知识交换
Frankel and Whipple（1996）	达到竞争优势 开发核心能耐 增加顾客参与 改善质量 降低存货 改善前置时间绩效 有效利用资金 获得市场/全球化 供给/需求稳定 获得技术

2. 渠道整合的观念

葛维钧（1993）认为，由于交通建设及信息科技的快速发展，中间商所能发挥的功能已愈来愈有限，同时在流通体系整体附加价值减少的压力下，渠道成员间的垂直整合成为必然的趋势。随着渠道革命的发展，渠道利润逐渐缩减，兼之以大型零售商与制造商所实行的垂直整合，导致中间商的活动空间愈来愈小。而营销渠道整合观念有三项，分别是供应链管理、共同配送以及合伙关系。

（1）供应链管理。渠道整合运用供应链管理所能产生的效益，Cavinato（1992）认为供应链的成员专注于消除公司间及组织内重复过多的作业，能够实质降低成本，带给顾客价值。而价值的增加，除了降低成本之外，功能的增加亦能达到价值的增加。功能指的是品质好的产品、绩效好、简单化作业、维护和修理容易、更多的安全或交易的便利。因此，在供应链上的成员可经由降低成本或增强功能为顾客创造价值。而 Spain（1996）也认为，供应链的相关公司注重完整供应系统的效率而非个别成员，如此可降低总系统成本、存货及实体资产，同时改善顾客对产品的选择。对总系统的重视将降低公司人员数，并使员工投注更多心力于产品、服务及系统的创新性发展。

（2）共同配送。根据日本流通经济研究所（1991）的定义，所谓共同配送，是指多家企业共同参与传统上只由一家公司所独自进行的配送作业，因此这些企业谈妥了条件，开始合作配送。而共同配送的形式有如下四种：

共同集合配送（图 1－4）：单一车辆到各发货者的地点会集货物，运至终点后，再由单一车辆巡回配送至收货者。

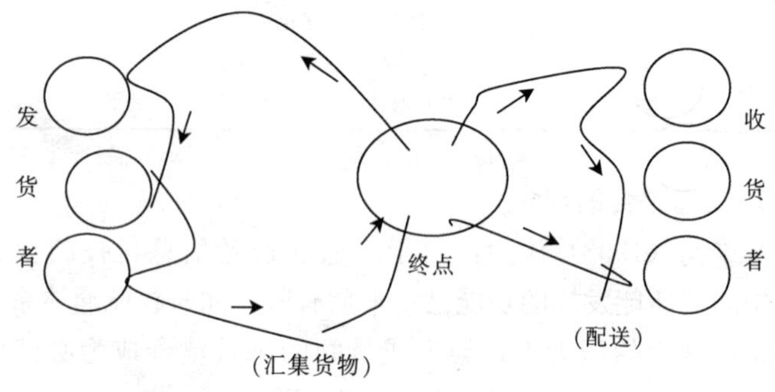

图 1－4　共同集合配送

整批出货（图 1－5）：由单一车辆到各发货者的地点会集货物，运至终点后，再由各车配送到各地。

交货代理（图 1－6）：由单一车辆到各发货者的地点会集货物，运至一特定点，再整批交货至大型店。

统合交货（图 1－7）：各发货者将货物运至一较大型的发货者处，再由其统合交货给大型店。

由以上可知，采取共同配送方式所产生的利益，不外是扩大经济规模以降低物流成本、提升配送效率。关于这一点，北冈正敏（1992）认为，通过共同配送中心的功能，可以使上游作业简

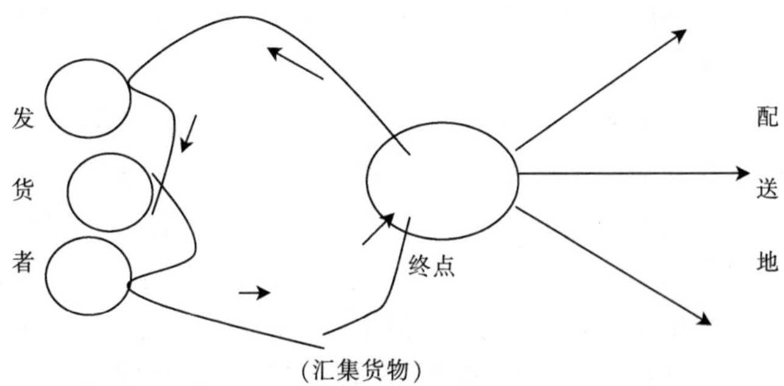

图1-5 整批出货

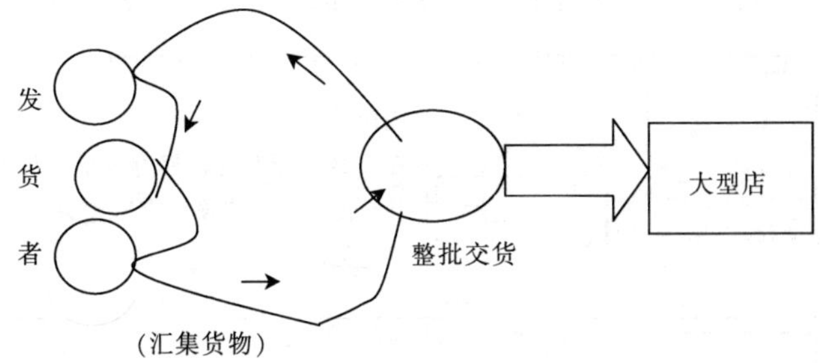

图1-6 交货代理

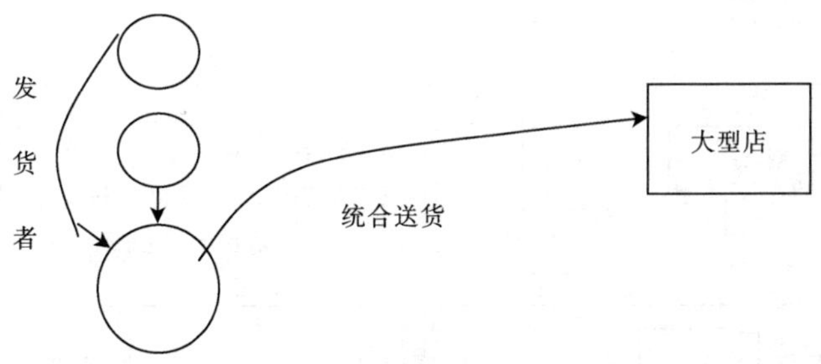

图1-7 统合交货

单化、减少配送频率，并可提升人力与时间的效率。相乘的结果，可使运作成本降低、解决不少社会资源重复浪费的问题、有助于合理化与效率化。另外，绪方知行（1992）从整体成本分析认为，采取共同配送的方式，统一处理分装作业及调度配送路线的作法，非常合乎经济效益。

（3）合伙关系。Tompkins（1995）认为创始性的合伙关系是一种长期的关系，这种关系是建立在信任以及对伙伴与合伙关系的利益一起努力的共同目标上。Dull et al.（1995）也曾对合伙关系下了一个定义，他们认为当双方或多方同意改变个别的经营方式，互相整合，一起控制他们共有企业体系的某个部分，并且共享利益（如图 1－8）就形成合伙关系。此种安排是建立在一种深刻的体认上，也就是说，大家都了解每家公司会有何贡献，亦知每家公司应如何利用彼此相辅相成的技术与资产，创造

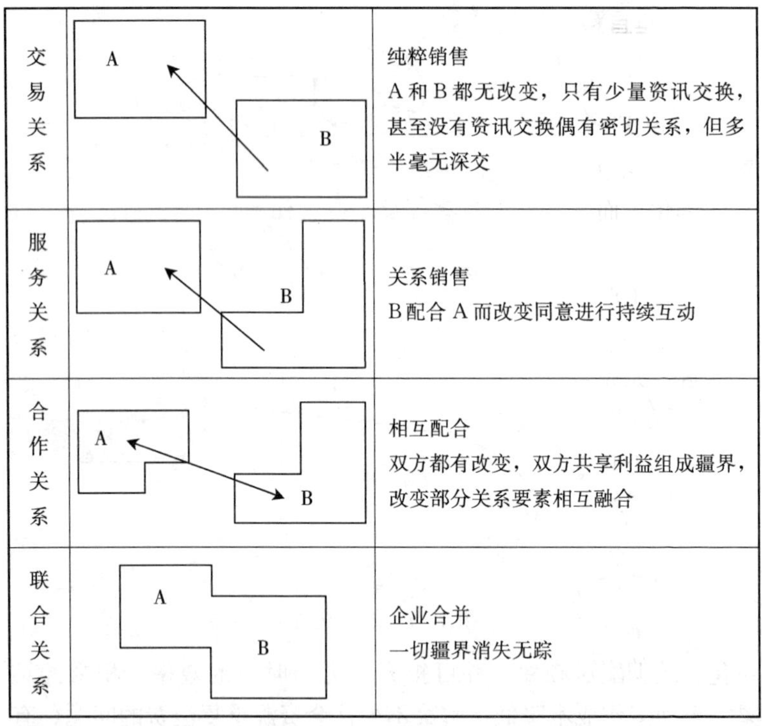

图 1－8　合伙关系图（Dull et al.，1995）

一块更大的“饼”，让大家共享。同一公司各部门之间的藩篱拆除之后，会出现一股集思广益、同心合作的力量。同样的，如果将各个公司之间的传统疆界打破，并加入对双方都有利的新作业流程、行为及活动，也可以形成这股更强大的综合力量。

以上四个合伙关系中，制商整合较符合图 1-8 的合伙关系，通过相互的配合使合伙的双方享有利益，增加产业的竞争力。

1.3 垂直整合的制商整合

1.3.1 垂直整合的定义

在经济学家 Coase（1937）所发表的“公司的本质”（The Nature of Firm）中，其定义整合为：厂商在过去是通过市场来交易，而现今则是自厂商本身中建立一组织，将一连串的交易过程内部化。而后，有许多学者对此观念作进一步的解释。Porter（1980）将“垂直整合”定义为：将产品生产过程中的数个独特技术（含生产、分配、销售及其他经济上的过程），在一个厂商的管理下进行。Kilmer（1986）定义：为制造某一产品所需的生产因素，原先是买来的，现在改为自己拥有所有权生产；或原先向某一厂商购买产品，而今则是将该厂商买下，掌握自己所需要的产品，不必再外购。由上述可知，在原先垂直的生产过程中，不同的厂商经营着不同阶段的业务，现今则改为全由厂商来接手经营，此表示厂商不再利用市场交易方式来达成其经营目标，而改采用内部或管理方式来达成。

可见垂直整合的定义含有多种不同的解释，Perry（1989）认为不同的定义适合不同的产业，而个别的定义均难以完整地描述垂直整合。垂直整合从狭义的观点来看，指依组织拥有上、下游各项资产的所有权，且对各项生产及销售活动具有充分的掌控支配权；而广义的解释则包含各种不同程度的垂直限制（Vertical Restrictions），即垂直协调的方式，可扩大包括契约、垂直整合、战略联盟等方式。由于制商整合的性质差异较大，故本书采用垂直整合的广义定义。

1.3.2 垂直整合的类型

广义的垂直整合，指在生产垂直阶段中，将原先通过上、下游厂商买卖的交易，改为通过组织调整将交易内部化。Porter（1980）依战略目标的不同，将垂直整合区分为下列三种类型：

1. 完全整合（Full Intergration）

完全整合，即是将公司所需的上游阶段或下游阶段的职能完全交由一个厂商独自来执行。换言之，完全整合乃是一种将整合目标高度内部化的战略，其将原本自市场外购方式取得的部分，完全纳为厂商的内部生产，而改成“自给自足”的方式。其主要优点是可完全掌控上、下游生产，但因其组织较为庞大，财务负担较重，容易因市场需求变动而招致较大的风险。

2. 锥形整合（Tapered Integration）

锥形整合，又称部分整合（Partial Integration），指对公司所需的上游或下游阶段的职能，部分由公司内部提供，部分则向外购置。由于内部所提供的数量不敷所求，故被整合的上游或下游阶段的产能与需求量，会形成一上尖下广或上广下尖的锥形，因此称为锥形整合。锥形整合除了可产生整合利益外，也可减少完全被套牢之险。

3. 准整合（Quasi-Integration）

准整合是指通过信用贷款或投资的方式，使上、下游间建立一种介于长期契约与完全拥有权之间的关系，创造类似共栖、联盟的形态。这种观念类似将垂直整合划分为由 0 到 1 的整合程度，越接近1的整合程度越高，而介于0与1的间，双方有垂直合作的关系。此外，准整合可使买卖双方建立更强的利益共识，有助于降低单位成本，降低供应与需求中断的风险，并可减少对手的议价力量。在某些情况下，准整合可达成许多垂直整合的利益，故常被视为完全垂直整合的替代方案。由 Porter 所提的三种垂直整合，其中以准整合较符合制商整合的观点，因为制商整合是建立在共同目标的战略联盟上，所以是以“准整合”作为垂直整合的依据。

1.3.3 垂直整合的利益

Porter 在《Competitive Strategy》（1980）书中，对于垂直整合做了一番分析，兹简述其举出的垂直整合的利益：

1. 整合的经济效益

垂直整合最常被提及的效益，就是在联合生产、销售、采购、控制及其他领域，达成经济效益或节省成本。

（1）合并运作。合并邻近生产步骤，可减少生产流程步骤，节省运输成本及处理成本，降低闲置产能。

（2）强化内部控制与协调。公司整合后，对于安排时程、协调作业、应付紧急状况的成本可望降低。整合的单位因为彼此靠近，所以有助于协调联系与控制。

（3）信息。市场信息监测的固定成本可由整合后的各部门分摊，且可使信息的流入更迅速、正确。

（4）规避市场交易。公司可通过整合，节省因通过市场交易而产生的部分销售、比价、议价等交易成本。

（5）稳定关系。整合后，一方面可避免被中止契约或投机行为的风险，另一方面也使上下游间能自己调整产销。

2. 掌握供给或需求

整合使得厂商在原物料供应紧缩的时期，仍能获得所需的进货，或在需求不足时，为自己的产品寻找另一条渠道。

3. 抵消谈判力量和投入成本的扭曲

谈判力量是产业结构决定的。当下游的谈判力量很大时，即使整合不具有经济利益，但为了降低供应价格（向上游整合）或提高售价（向下游整合）的利益，整合仍为可行。整合还可表现出投入成本的原貌，使公司能依此调整售价，获得更佳的利润。在可行的范围内，由于对投入成本的了解，可调整投入组合，增加整体获利率。

4. 提高差异化能力

向前整合常使厂商能够成功地将其产品差异化，因为厂商可以控制更多的制造程序单元或产品的销售方式。向前整合进入零售业可使厂商控制销售人员的销售方式、商店的设备布置、地点和形象，以及其他的零售功能，有助于差异化销售其产品。

5. 提高进入和移动障碍

当整合所需资本够大时，对于尚未进入厂商将形成一种阻力，因为它们若不能以同样资本进入，将会面对成本竞争上的劣势。另外，目前对产业内不同的厂商而言，若欲移动到此竞争地位，势必也需在整合上进行资本投入。因此，整合往往造成进入和移动障碍。

6. 进入一个有更高投资报酬的事业领域

企业决定采用垂直整合的战略，可能基于追求利润的动机。例如：一家公司建立本身零售系统，也许纯粹只是认为零售业为一有利的事业投资；至于建立了零售事业是否能提供本身产品一个销售出路，倒是次要的考虑。

7. 获取技术

有时候整合有助于熟悉其上下游事业的技术，这些技术对该事业的成功很重要。

Stern（1996）比较归纳了几位学者对垂直整合效益的看法，将他们的主张整理于表1－3：

表 1-3　垂直整合的效益（Stern，1996）

Porter	Williamson	Buzzell	Bhasin and Stern
确保经济上的 一 合并作业 一 内部控制和合作 一 信息 一 规避市场交易 一稳定关系 增强技术创新 确保供给和需求 抵消谈判 增加差别的能力（附加价值） 提高进入和移动障碍 进入高报酬产业 防止上下游的管道封闭	促进适当连续决策制定（利用有限理性） 减弱投机主义 促使趋于一致的期望（减少不确定性） 克服信息不流畅的情形 获得一个较满意气氛	减少交易成本 确保供给 改进合作 增加技术能力 提高进入障碍	确保供给 存货程度合理化 使用管理松弛 确保作业经济，经由： 一技术互相依赖 一减少风险贴水 一减少交易成本 一规模经济 一减少风险缓冲 一稳定关系 一获得资本资源 获得原料信息 完成产品差异 完成价值差异 适应性 协调需求和供给 设立进入障碍 完成多角化

1.4　虚拟企业的制商整合

1.4.1　虚拟企业的定义与特性

张君龙（1999）对所谓虚拟的核心意义可以解释为精锐（Virtuous），即是紧密结合内部有限资源以提供最佳产品与服务组合的精锐企业，延伸广义的解释就是企业在因应市场的快速变动下能弹性地结合外部资源（如客户、供货商、金融机构与政府）形成一个具有最佳综效的全球竞争的虚拟实体；在 Davidow 和 Malone（1992）合著的《The Virtual Corporation:

Structuring and Revitalizing the Corporation for the 21st Century》一书中将虚拟企业定义为整合企业间相关的价值活动与所有的信息与资源，以最佳的作业模式在最短的时间内掌握及满足顾客的需求。虚拟企业的特性可归纳如下：

（1）以客为尊。在产品生命周期中，顾客的需求列为最优先考虑。

（2）动态性结合的商业流程。企业活动随产品作动态组合，以适应市场变化。不同的流程会由不同的虚拟团队执行，而一个虚拟企业的成员可能同时参与多个不同虚拟团队。

（3）专业性技术分工。在虚拟企业的组合中，各参与企业都拥有其独占优势的核心技术。

（4）分布式、跨时间、跨地域性合作形态。虚拟企业的成员可能分布在世界上不同的地方，彼此之间通过适当的通讯设备来进行沟通。

（5）强调企业间沟通与协调。在虚拟企业专业分工下，意见的沟通与协调为产品设计与生产流程能够顺利进行的关键因素。

（6）企业间的信息分享。在虚拟企业跨企业性的合作形态之下，企业间若要能够完善沟通与协调，则必须通过参与企业的活动、资源与信息适当的分享才能达成。

（7）高自主性。各参与企业拥有高度自主权，其主要目标为完成其所参与的虚拟团队所交付的任务，此外各参与企业也拥有各自的企业目标与愿景。

（8）异质系统的数据整合与管理。虚拟企业的参与企业可能有其各自使用的系统，而在各家软件系统数据结构不尽相同的情况下，如何能使同一笔数据为各参与成员所运用，就有赖于一套数据整合与管理的系统。

（9）虚拟企业文化的沟通。在虚拟企业跨国的合作中，不同企业文化间的合作，必须能达成一定的共识，方能合作愉快。

（10）全球性的资源整合与管理。在虚拟企业发展至极致时，将是全球性的资源整合与管理，对于一项新产品能够快速地找出最合适的虚拟团队组合。

1.4.2 虚拟企业的建置

张君龙（1999）认为虚拟企业的形成，是在不同的部门或不同企业间的信息整合，通过信息高速公路，连接产品/服务供应链上的相关企业使其运作如同一企业体，所以建置虚拟企业的大环境应包括团队（Teamwork）、管理（Management）、标准（Standard）与技术（Technology）四个要素（如图 1-9）。

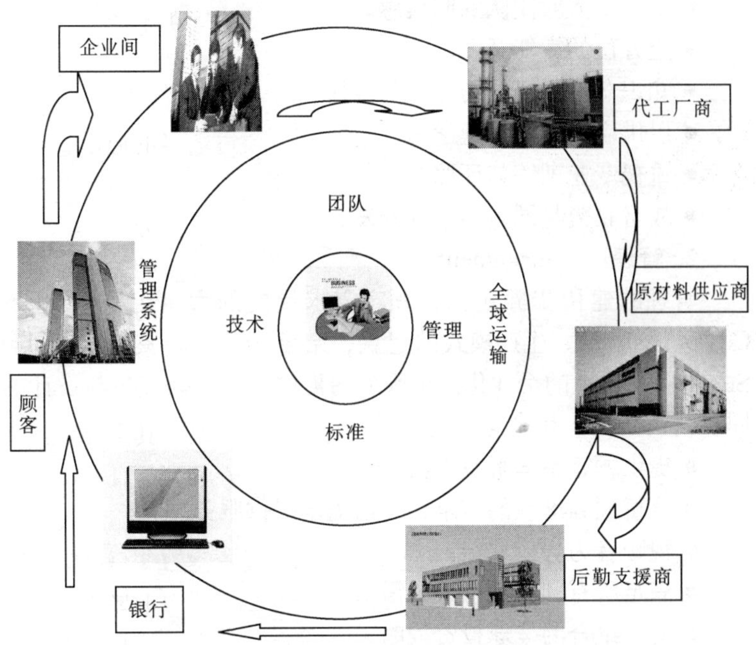

图 1-9 虚拟企业建置图（张君龙，1999）

这四个要素的内容与运作分述如下：

1. 团队（Teamwork）

在建构步骤方面，分为内部及外部的整合。内部整合包括：

组成弹性的工作团队，建立组织运作团队化的模式；导入组织/团队学习（Learning Organization）的模式，以建立知识供应链管理体系；强化变革管理（Change Management）能力，以市场与顾客需求不断调整组织、团队的运作模式、方法与资源。外部整合则包含：以内部整合的快速响应团队与企业的核心利基为基础，通过战略联盟或并购方式来垂直或水平整合以形成完整供应链的共生体系；应用信息科技来建立供应链的同步运作。其建构方法有：

- 个人与团队的激励。
- 培养个人对团队的归属感。
- 全方位的智能开发。
- 知识/信息/经验的分享与传递。
- 以供应链方法管理学习。
- 重视专业训练与证照。
- 战略联盟与同生体系的开发。

2. 管理（Management）

管理的建构步骤包括：顾客需求导向的大量定制（Mass Customization）、生产模式的建置、结合全球运筹支持（Global Supply Chain）的个性化需求服务的提供；导入顾客参与设计的同步营销模式。其建构方式有：

- 提供顾客整体解决方案。
- 分析顾客潜在的需求，并依需求提供服务。
- 视顾客为合作伙伴。
- 满足所有利益关系人的需求。
- 地缘结合的全球投资战略。
- 运筹管理全球化。
- 强化企业创新求变的能力，以开拓新产品、新市场与新事业的空间。
- 建立产业的标准与指标（Benchmarking）。

3. 标准（Standard）

标准的建构步骤包括：数据一元化标准与环境的建置；整合性资料库的建构及运用；开放性信息的整合等。其建构方法如下：

- 交换信息项目。
- 交换形态。
- 数据的实时性与精确性。
- 信息储存与展示的格式。
- 信息交换与变动频率。
- 信息交换设施（硬件、软件等）的差异性。
- 信息交换双方管理/文化上的差异性。
- 技术数据安全防护需求。

4. 技术（Technology）

技术的建构步骤有：建构自动化设施、计算机硬件、软件、通讯网路的基础建设；利用自动化信息技术进行流程改善；企业资料（如文件、窗体等）的标准化与数字化与网络化；导入企业资源规划（ERP）系统；导入生产现场管理（MES）系统；导入企业全球运筹管理（Global Logistic Management）系统；建置企业与外部（客户、厂商、政府、银行）信息交换模式（如：Internet、E-mail、EDI 等）；建立企业间关键绩效指标（KPI）并导入高阶主管信息与决策支持系统（EIS/DSS）；完成企业计算机整合管理系统（Enterprise Computer Integrated Management System，ECIMS）的构建与应用。其建构方法如下：

技术架构（Technology Backbone）指各项信息、自动化与生产技术的基本需求或共同原则，如开放平台、网络架构及信息交换标准等。

系架构指虚拟企业运作所需各项整合系统，包括现场管理系统、企业资源规划系统、高阶主管信息系统、决策支持系统、与供应链管理系统等。

企业内外整合界面指企业内外部间信息交换的相关技术，如 Internet、Intranet、Extranet 的建置、视讯会议（Video Conference）、EDI/VAN、群组软件等。

1.4.3 由供应链管理分析虚拟企业的整合

Kalakota 及 Whinston（1997）认为，所谓供应链指的是企业与其供货商及顾客共同结合而成的网络。为了增强竞争力，公司间形成一个紧密结合的网络，包括供货商、配销商、零售业、制造业及其他支持提供者与其他企业网络相互竞争。而这种公司间形成的紧密结合的网络即是虚拟企业的精髓。供应链在产业上、中、下游整合的结果，其运作有如一虚拟企业，故可改善营运效率、提升竞争力（图 1-10）。

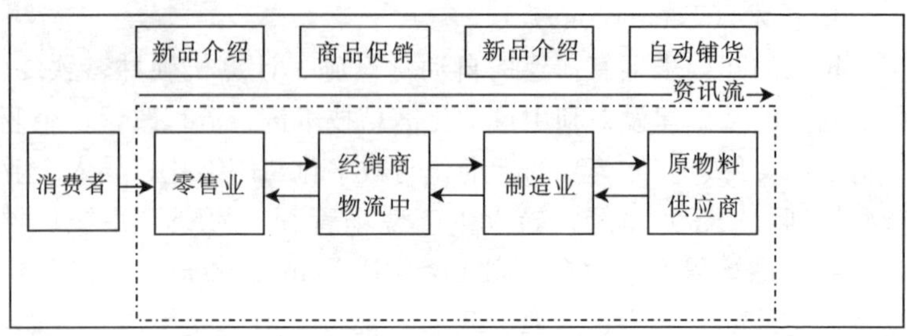

图 1-10　虚拟企业

2　制商整合及其需求分析

2.1　商业自动化

2.1.1　商业自动化的定义

商业自动化的简明定义为，应用信息科技使商业流程自动化，包括从工厂到零售据点的整个流程，其目的在于解决在商业活动中和交易处理相关的商流、和商品货物配送相关的物流、和金融信用支付相关的金流，以及和决策相关的信息流等问题。商业自动化的“四流整合”如图 2－1 所示。

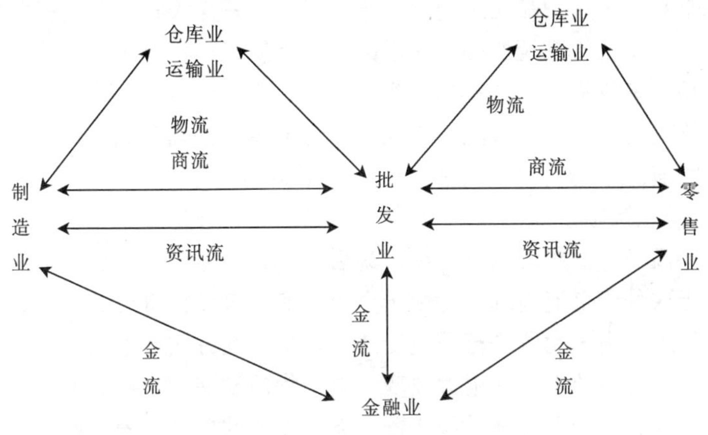

图 2－1　商业自动化的“四流”

1. 商流

商品通路活动中的文件凭证程序，系指商品所有权移转、交易流通通路的各项活动。更具体地说，商流活动可定义为配合广大消费者的各项需求，由上游流通业者创造、制造或进口商，运用营销手法，通过各类型销售通路，适时、适地、适量地提供给消费者选择，进而满足消费者需求，完成这一系列销售活动所包含的各类商业行为。因此，一般所指的流通通路就是指商流的活动。

2. 物流

就是物品、商品的流通，有狭义与广义的区分：

（1）狭义的物流。系指销售的物流，重点在于商品、物品本身的配置规划、搬运。

（2）广义的物流。涵盖从产品制造以至销售市场信息的一连串活动，包括信息物流、生产物流、销售物流等层面。简单地说，物流指的是商品实体本身动向，就是如何将商品从生产制造经过层层产销体系，送交到消费者手中的一连串活动。与交易活动所涉及的商流不同之处在于，商品的流通必须考虑商品实体形态本身。举凡商品搬运设备、仓储设施、货架设计、分货检货处理，都是物流系统所必须考虑的因素。所以，物流涵盖范围是从商品原料收集、生产制造、批发零售到消费者的物品运送过程。物流的合理化与节省化，不仅可降低成本，提高利润，对日益竞争的流通市场而言，更是重要。

3. 金流

商品经过买卖双方交易行为后，资金流通就会产生，金流就是指这种资金流通现象。由于金流为商业自动化重要的一环，近几年来，由于商业经营环境变迁，资金流通方式产生相当程度的变革，处理效率也有很大改变。电子货币发展，包括大家熟悉的信用卡、金融卡，都是现代资金流通方式的典型代表。货币支付体系多样化，也同时迎合了现代社会环境变迁的需求。

4. 信息流

系指随着商品或服务的提供、交易，进行相关运作情形的信息。信息流的主要功能，在于通过收发订单、出货、请款、付款、询问商品、预约等过程中，控制各种信息交换，商品或服务的销售、寄送、收取货款等工作可以迅速、有效且正确地执行。简化地说，信息流则包含商业活动的商流、物流、金流的所有信息。

2.1.2 商业自动化的内容

商业自动化包括 5 大类 15 项的商业自动化内容（如图 2-2），其中信息流通标准化及会计记账标准化两类为标准的制订与推广；而商品销售自动化、商品选配自动化及商品流通自动化三类则为自动化系统的发展与建立。

1. 信息流通标准化

（1）商业条形码（Bar Code）。即将代表商品的数字号码，改用并行线条符号代替，以便让装有光学扫描阅读器的机器阅读，经过计算机译码后将线条符号转换为数字号码，再由计算机去进行各种处理工作。

（2）电子数据交换（Electronic Data Interchange，EDI）。所谓“电子数据交换”系指企业间将业务相关的文件或数据，依据标准格式，利用计算机通讯网络，以电子传输的方式，由一方的计算机（应用系统）传送到另一方的计算机（应用系统）的处理方式。

（3）全国商品数据库管理系统。即将国内各制造商的条形码编号、货品品名、尺寸、规格、容量及售价等相关数据，集中建立一个商品主档，以提供给中间批发商及零售商相关信息，进而加强双边联系的服务系统。此一商品主文件可视为商品信息化的电话簿，随时提供需求者查询。

2. 商品销售自动化

（1）销售点管理系统（Point of Sales，POS）。所谓销售点管理系统，就是经由光学自动读取式收款机，扫描商品上的条

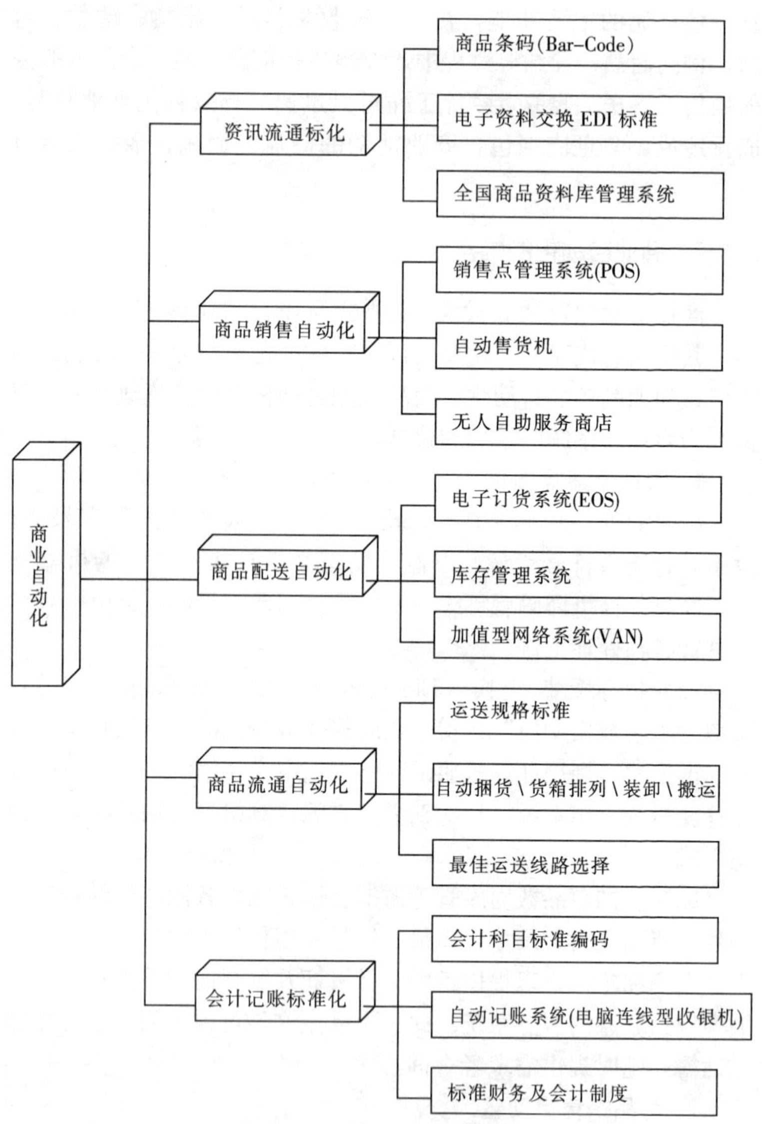

图 2-2　商业自动化的内容

形码，迅速精确计算商品货款，并将所收集到的信息传送到主计算机，与进货、配送等阶段所发生的各种情报，通过主计算机的处理，最后分门别类地将商品进销存的信息传到各部门，进而达成随时调整营销策略，及经营层作管理决策依据的系统。

（2）自动售货机（Vending Machine）。所谓自动售货机，系指业者利用机器从事 24 小时的商品销售活动，消费者仅在需要的时候投入硬币或纸币，并按下欲购商品的按钮，即可完成购物的行为。

（3）无人自助服务商店。又称无店铺销售，可分为以下三大类：①自动售货机（Vending Machine）。②直接销售（Direct Selling），也就是大家熟知的直销。以人员接触（在家中或办公室）或电话方式销售，有逐家（Door to Door ）销售（如 Avon 雅芳）和开展示会（如 Mary Kay）两种。③直接营销（Direct Marketing），经由相关媒体，传递商品或服务的信息（如 DM、TV、广播、杂志、报纸），而订单为邮寄或电话方式。

3. 商品选配自动化

（1）电子订货系统（Electronic Ordering System，EOS）。为一信息传送系统，在商店的计算机中键入或补充订单的数据，经由通讯网路可将该数据输送到总部或配送中心的计算机或 EDI，以协助商店、总部、配送中心达到收发订单省力化、收集情报迅速化及正确化的目的。

（2）库存管理系统。系指经过计算机联机设备进行物品出入库管理、储存位置管理、盘点、调拨、报废及未来需求预测等作业的系统。

（3）增值网络（Value Added Network，VAN）。系指利用基本网络（Basic Network），例如电话、数据线路等，由信息服务公司发展额外的附加价值功能，例如储存、转送、记忆、资料处理等，提供给网络用户使用。

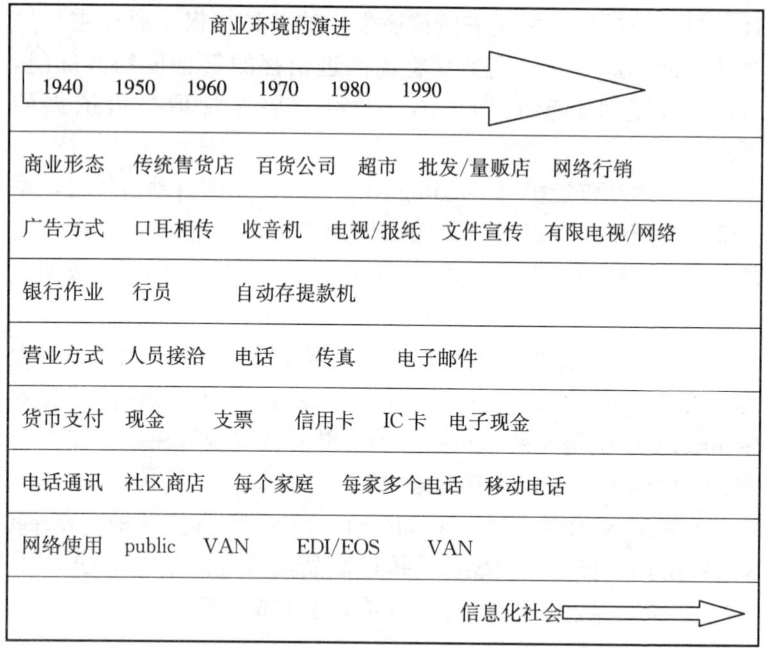

图 2-3 商业环境的演进

2.1.3 商业自动化的发展趋势

商业自动化、建筑现代化的新风貌已经成为必然趋势。然而，即使条形码化、EOS、POS、EDI、VAN及物流自动化等各项自动化系统蓬勃发展，已经或者即将为流通业者带来极大的经营利基，然而在夜以继日的竞争循环下，商业环境必然继续随着社会结构及产业结构的变迁，呈现另一番经济风貌。而且，产业新契机必然构筑在已有的商业自动化基础上，并配合现代化信息、电子、通讯等科技整合运用，打造出崭新的商业面貌。

（1）整合上、中、下游，建立快速响应体系（QR）。如第一章所述，快速响应基本的观念是运用信息及通讯科技，整合制造、批发、经销、零售至消费者的整体产销流程，使终端消费信息能及时回应予制造、批发商等，使产销成本合理化，并能提供顾客满意的质量及价格。

QR系统往上游整合营销分析、商品企划开发、制造等，往下游发展商品配送作业、售后服务等，借由快速的响应，强化产业的应变功能、提升生产效能、降低销售库存成本、降低物流配送成本、提升售后服务、促进整体商业发展。

所以在整合商业自动化的技术如：商品条形码、EDI/VAN、POS等，在面对产业竞争时，若通过快速响应系统掌握下游消费市场信息、通路信息，便能及时有效掌握商机，并促进产销结合，降低中间成本，提升竞争力使中小型企业亦能与大企业一样，享受快速响应系统的效益。

（2）以国家基础建设（National Information Infrastructure，NII）计划为蓝图，开创电子商业新纪元。

利用NII所建置的高速、宽带网络，使交易伙伴间可以传送传统文字、图形、声音和动画等多媒体影像，将大量复杂的商业信息，以瞬间的速度传到使用端，可大幅提升经营效率、服务消费者。因此，信息化的社会里，企业信息化加上个人家庭的信息化，将使家庭购物、电子银行及媒体等电子化购物逐渐发展成形，预期将可借此提升多元化的消费通道与质量，节省时间、交通与人力，并发掘潜在客户。

对于所有企业而言，创造优势顾客关系，不能单靠销售活动来维持，而是必须建立在彼此间永续的互动基础上。不管企业的规模大小，电子商务环境均可提供丰富、多样的资源与服务工具，使企业更能掌握目标顾客群真正的喜好与需求，快速地提供新产品，以及有效地提供公司绩效回馈与评估，引领企业迈入顾客导向的服务境界。

2.1.4 商业自动化的经济效益

商业自动化造成了商业活动的快速发展，林孟克和林正修（1996）对商业自动化的有形和无形效益作了诠释：

1. 有形效益

（1）快速获得必要的信息。以往如果需要一份数据可能需要翻阅、寻找或假他人之手才能如愿，引进商业自动化后，可利用计算机立即查询，如库存、报价、进货、销货状况等。

（2）快速获得以往无法备制的报表。运用信息系统之前，为了完成一份简单的报表，必须付出很多人力，包括查阅数据、录入数据及统计核算，若是较复杂的报表，不仅费时，准确性也不高，且可能赶不上时效。在计算机化之后，若基本资料都已准确输入，则随时可以打印出准确的报表。

（3）增加计算能力及准确度。传统的商业经营，往往要耗费大部分的时间在统计、计算及验算上，引进自动化之后，除非运算公式错误，否则计算机都能在短时间内快速而正确完成计算。

（4）节省文书人员费用。自动化之后，一些繁复的誊写及翻阅工作都可由计算机快速而正确地取代，因此可节省文书人员费用。

（5）达到稽核作用。通过自动化的系统连接，除了可节省重复输入的时间外，更可达到稽核作用，避免人为舞弊。

（6）反映真实财务结构。自动化之后，所有与会计有关的系统都能联机整合作业，用此方法可快速掌握营运状况，反映真实财务结构。

（7）协助管理者做决策。自动化之前，管理者要做一个决策，所需要参考的统计分析报表，若用人工制作往往要花很多时间，或甚至用人工几乎做不出来，通过自动化设备或计算机，可做出许多统计分析表，如：综合营业日报表、建议采购表、货品周转率报表、员工绩效表、进度指示管制表等，可协助管理者做好决策。

2. 无形效益

（1）提升企业经营形象。当客户接到某家厂商的报价单、出货单、对账单等，都是由电脑打印出来单据时，很容易对该厂商产生良好、专业的印象。

（2）增进员工士气。一个古老的行业或一个历史悠久的公司，可借着自动化使公司产生一番新气象，开创新局面。引进自动化后，员工有了新希望及进修学习的机会，工作也可能较为愉快，工作效率就会大为提高。

（3）协助合理化、标准化。为了配合商业自动化作业，公司的作业流程、制度都必须尽量达到合理化、标准化，因而在自动化的过程中，可协助公司达到合理化、标准化的目标。

（4）有效改进营运流程。为了实施商业自动化，公司必须全面检讨营运流程，通过软硬件的设计，可将营运流程交由计算机或自动化设备来控制，如此经营者即使不在公司内，员工也都能独立作业，处理公司对外的任何事务。由此可见，商业自动化是改进营运流程的最好方法。

（5）提高顾客满意度。当顾客打电话来查询任何问题时，以可通过计算机立即提供满意的答案。进行交易时，由计算机或POS显示出的价格，可使客户产生信赖感，不易杀价，且结账快速，也可避免累加错误。另外可利用计算机进行顾客服务的项目，如畅销物品排行榜、客户满意调查及追踪、客户抱怨处理等，都有助于提高客户满意度。

（6）增加管理阶层的信心。在公司尚未进行自动化以前，管理者难以准确掌握企业全面概况，引进商业自动化之后，可随时查询、追踪经营状况，因此可以增加管理阶层的信心。

（7）增加竞争优势。当自动化成功后，库存周转率增加、库存积压金额减少、可控制安全存量、减少呆账、掌握客户来源、做更有前瞻性的计划、协助主管做更好的决策等，因此可增加企业在同业间的竞争优势。

由以上可知，商业引进自动化的效益很大，但要达到上述成效，也非一蹴可就。其实自动化的效益是无止境的，其效益大小的关键在于“人”——包括企业主、主管与员工，负责自动化公司的系统工程师、软件工程师、辅导上线人员等，必须合作无间，则其效益无可限量，若其中一环有误，则必大打折扣。

商业自动化及现代化是未来的必然趋势。不必在乎规模大小，而在于是否有很好的管理及有效的运作，因此中小企业业主要接受这个事实，及早引进自动化，才能确保企业的永续经营。

2.2 制造业自动化

2.2.1 制造业自动化的定义

20 世纪 60 年代起，科技快速发展，对自动化有了新的定义，且不同的学者对自动化各有不同的定义。如 Aaronson（1960）认为自动化是以机械、水力、电力和电子的设计，取代人为决策和劳力的现象；Dunlop（1960）认为自动化是计算机、输送装置与自动控制等机械化的安装；Buckingham（1961）则提出自动化是一种连续、整合的生产操作系统，是使用电子或是其他装置以管理、控制及调整货品的产量和质量。

Groover（1980）将自动化推向更广义的解释，他认为自动化是一种科技，主要是将复杂的机械、电子与计算机辅助系统，运用于操作和生产控制的技术。这些技术包括自动物料处理系统、自动装配机械、回馈控制系统、计算机程序监控、信息计算机化等。由此可知，随着科技的进步，自动化的定义不再只是应用机械来取代人力而已，而是以计算机整合机器设备，提供人类所需的帮助及信息。

2.2.2 制造业自动化的发展概况

自20世纪60年代起，为适应顾客的需求，生产少量多样的产品，传统的生产方式已不敷使用，因此逐渐发展出弹性化生产方式。现以一些自动化的生产方式作一番解译：

（1）数字控制（Numerical Control，NC）。指制造程序受到数值、字母、符号的控制。在数字控制环境中，数值、字母、符号系以某一格式来编写，被设计为特定工作的指令，当工作改变时指令设计也将跟着改变。数字控制系统包括三个部分，第一是指令设计，要将机械设备（machine tool）执行的制造程序按步骤列出；第二是控制单位（controller unit）是将指令转变为机械动作的控制中心；第三是用来执行命令的机械设备。

（2）工业机器人。机器人工业协会（Robotics Industrial Association，RIA）对工业机器人（industrial robots）的定义是：一个可重复设计且具有多功能的控制机器，可经由事先设计的动作来搬运物料、零件或其他特殊装置，并执行各种不同的工作。由于机器人的使用，可替代人类于危险的环境下工作，或是执行操作困难的工作。

（3）计算机辅助设计（Computer-Aided Design，CAD）。帮助设计者采用计算机来设计产品，并运用计算机分析与修正其设计，因此能减少设计者时间上的浪费，并增加其生产力。

（4）计算机辅助制造（Computer-Aided Manufacture，CAM）。将计算机技术运用在制造设备的管理、控制与操作上。

（5）弹性制造系统（Flexible Manufacturing System，FMS）。弹性制造系统是由一组机械设备与往返各工作站之间的输送系统所组成；在各个不同的工作站，通过计算机控制，可以同时制造各种不同形式的产品。由于弹性制造系统有着可生产多样化的产品、较佳的产品质量、新的生产线可有较短的整备时间、可降低前置时间以符合顾客需求等优点（Dilts&Russell，1985），因此可使制造商随市场需求来调整生产程序与数量，达成产品少量多样的制造目标。

（6）计算机整合制造（Computer Intergrated Manufacturing，CIM）。是将 CAD、CAM 与 FMS 等加以结合，再加上管理系统与信息系统，使管理者不必亲自到工作现场，即掌握各方面的信息。

2.2.3 制造业自动化的效益

制造业自动化可提升产品市场竞争力，而自动化技术最能有效提高质量、节省人力、降低成本。据统计，在节省人力方面，自动化可节省生产线的直接人工数的 10.99%，在生产能力的效益评价上，自动化后生产能力较之前的产能约增加 27.33%，在降低产品不良率方面，自动化后质量不良的产品约减少 12.3%。由于现阶段市场竞争激烈，且已由生产者导向走向消费者导向的市场形态，购买者对于产品的要求愈趋严格，所以产品不良率的降低，亦即产品质量可靠度的提升，有助于提高市场竞争力。

2.3 制造业自动化与商业自动化的整合

2.3.1 自动化的演进及制商整合的定义

在面对我国产业在经营环境上不断遭遇各项挑战及全球化竞争日趋激烈的形势下，政府为提升产业竞争力，推动产业自动化，加速产业升级，从 1994 年开始全球信息网（World Wide Web，WWW）在商业活动、制造活动都带来了突破性的变革。

所谓制商整合是在供应链环境中，利用自动化与计算机科技，配合信息共享、标准化、制度化、合理化及快速反应观念，以及创新与服务导向的管理策略，将顾客需求迅速经由供应链管理体系，通过电子化采购、电子商务等网络技术，实现快速产品制造，有效率地运传至客户，从而提高生产效率、降低采购、生产与通路成本、改善商品流通效率、迅速回应消费者多变的需求，以提升商品的国际竞争力。具体而言，制商整合运作环境将同时包含六个重要方面：信息流、制造资源流、金流、物流、商流及环境流，如图 2-4 所示。

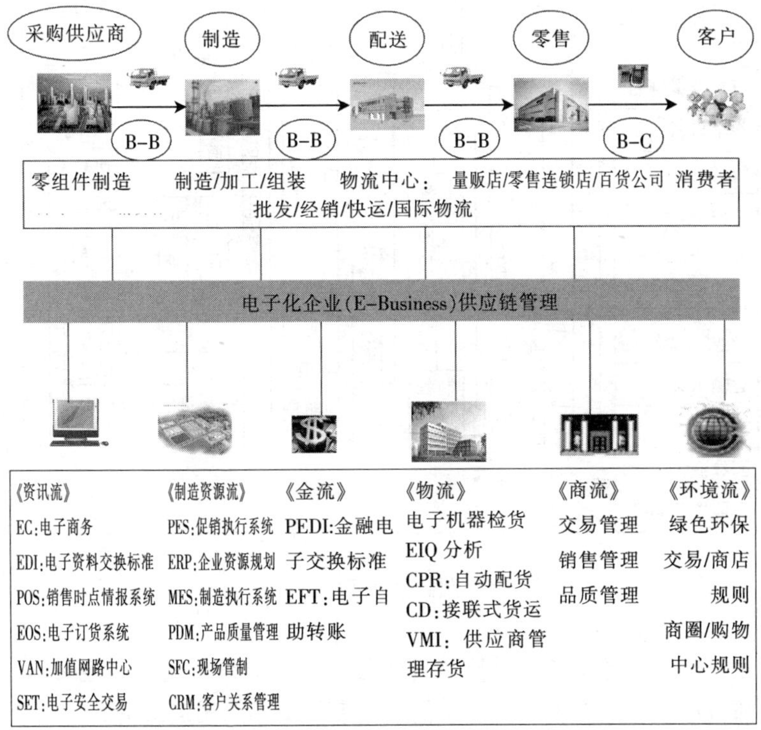

图 2-4 制商整合的运作环境

2.3.2 制商整合的运作范畴

图 2-5 解释了制商整合运作环境包含的六个重要方面：

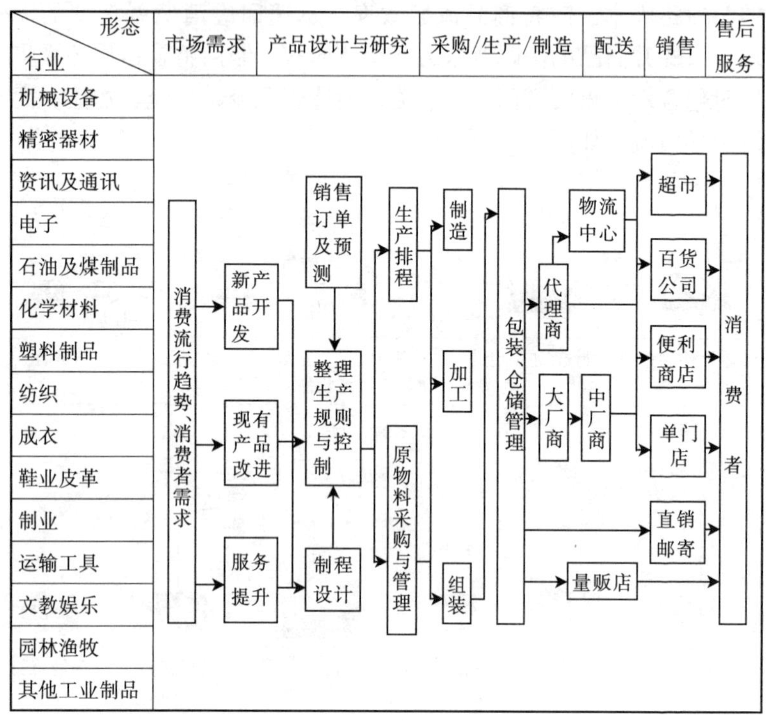

图 2-5　制商整合环境的六个方面

1. 信息流

由于因特网信息科技的日新月异，使得整个制商整合环境，都可通过信息网络系统进行信息搜集与交换，无论供货商、制造商、零售商或消费者都能迅速取得所需信息。而企业间的数据传递，通过电子数据交换，可将企业的信息整合串联起来，快速地互通信息，降低信息处理成本，加快信息处理速度进而提升各企业间决策质量及运作模式，甚至建立虚拟企业（Virtual Enterprise）而提高整体产业的竞争优势。电子商务（EC）、商品条形码（Bar Code）、电子数据交换（EDI）、电子订货系统（EOS）、销售时点情报系统（POS）及加值网络（VAN）等，都是目前信息流相关技术的应用。

2. 制造资源流

谈到制造，令人联想到自动化。随着科技的进步，自动化技术不断推陈出新，自动化的定义也跟着改变。自动化的原始想法，仅指能自动加工的机器设备；后来扩展到整体制造、生产、搬运等过程的机械化与电子化；而今日所谓自动化则是生产产品的整个活动都用自动化方法完成。因此自动化的定义成为一种系统化及综合性（包括机械、电子、电机、通信、计算机等）的技术与概念。

3. 物流

物流的目的即将质量良好的商品及服务，以低廉的价格，在适当的时间，送到适当的场所，供应需要的人。商品的流通，亦即处理商品（制品）的相关流通活动，包括配送、库存、捡货、装卸。

物流原本并未受到企业的重视，因为整个物流绩效无法被精确计算和评估。但是，随着整体通路环境的演进，实体配送程序已成为企业向前、向后整合的关键。为了掌握通路、拥有信息及服务客户，不断有新的流通机构出现。而在同时，也有许多新的流通技术被发展出来，使得整个我国的内需市场掀起了所谓的“通路革命”或“物流革命”。现代的物流技术，包括情报、通信、补给、原物料的采购、制造、输送到物流据点及配送到零售店。因此一个成熟的物流技术，在制商整合环境下，代表着顾客能快速获得所需商品。

4. 金流

在商品交易的过程中，传统付款的方式正逐渐被电子交易取代。由于传统付款，以支票为例，无法解决实时的付款交易活动且缺乏便利性，而电子交易正可解决这问题。通过信息网络，使得供货商和经销商之间可直接从事付款活动，提高实时性及便利性，且电子付款可以减少人员的失误，提高公司计算发票的速度并减少交易费用成本。金融电子数据交换标准（FEDI）及电子自动转账（EFT）等均为金流相关的技术应用。

5. 商流

商流是指买卖双方根据所订定的书面契约，进行商品所有权转移的一系列进销存货行为。包括各种顾客、商品、账务的管理作业。现今大家所熟知的物流、金流甚至信息流等都可说是商流的延伸。商流在制商整合环境下，扮演着重要的角色。在信息管理渐受重视的今日，整合着企业外部的商品、客户、采购、配销、储存，以及内部的人事、财务、会计、营销等机能的管理信息系统中，商流居于主导的地位。此外诸如客户之间的商品买卖、交易折扣、采购配销、合同等，或是商品营销策略配合等事项，也都与商流有着密切的关系。因此卖场管理、销售管理及品类管理皆是商流的重点工作。

6. 环境流

环境流考虑方向应包括两部分：一是商业环境，探讨如何建构优良的商店街规划、商圈规划及卖场规划；另一部分则为环保需求。一个健全的商业环境代表着国家经济活动形象，是吸引投资的重要诱因，因此如何构筑良好的商业环境，已是商业发展重要因素。商业环境的改善是一长期性的改造工程，过去国内因为缺乏整体性策略规划及阶段性实施步骤，故虽达成一些治标的目的，却无法呈现治本的效果。

改善商业环境内部包括：形象商圈区域的辅导、协商整合商业圈、商业活动辅导、加盟连锁辅导、商店招牌的更新、商业环境视觉规划设计、规划开发设置工业综合区等。上述各项活动，将协助中小零售业者自主性地改善商业经营环境，并通过组织性的辅导，建立共同经营、共同参与的理念，带动现代化的商业环境形成。

在环境方面，我国随着经济发展，国民收入水平大幅提升，伴随而来的是城市化进程的加快，由消费所带来的环境负荷愈加沉重。再加上永续发展的全球环保议题已成为世界潮流，绿色环保将成为必然的发展趋势。

制商整合的运作范畴可以描述为：供货商（原物料或零配件）、制造商、配送商、零售商及相关业者之间的垂直整合，企业间通过互联网及信息共享原则，以达到企业间快速整合专业资源、扩大企业营运范畴、迅速响应市场需求及环境变化。在这种环境下，制造者利用网络系统搜集消费流行趋势及需求，制造出符合消费者需求的产品，以提供最佳服务，并通过经销商获得销售情报，快速反应需求量。零售商则利用信息网络与厂商及顾客进行订货、文件传送、电子交易等商业活动。而商品的配送，则由专业物流公司负责，实现经济订购量，降低物流成本。零售商为销售其商品，并降低成本，则利用现代化经营管理技术以及以顾客满意为导向的服务，来增加本身的竞争能力。另外在整个产销通路下，全盘规划环境设施，要符合环保及经营效能原则。

3　制商整合的经济效益分析

3.1　制商整合前后各阶段的供需变化

制造业自动化和商业自动化整合是一种企业整合（即把产业上下游、营销、物流等作一番整合，再配合电子金融业的大环境的整合），在彼此相互合作下（如信息的交流）有效地完成产销过程，其经济行为即各厂商享有对称的信息，生产销售的信息，在整个企业战略联盟下达成契约，彼此具有相依性，在技术上享有优势，对整个市场上具有一定程度的主导权。

从整个经济市场上来看，制商整合类似于大型的卡特尔模式（其组织成员为相似的产业，为了追求该组织最大利润及避免激烈的价格竞争，采取共同政策的垄断组织，如石油输出国家组织 OPEC），只是制商整合它不像卡特尔模式只做到水平的整合，而是结合水平和垂直整合，再加上金融体系环境的配合，将其整合的过程分为水平整合、垂直整合、水平和垂直的整合。

即制造业自动化在导入自动化系统后使整个产业的效益大为提升，如产能的增加、不良率的减少、人力的节省。根据 Stecke 与 Raman（1995）的研究，采用自动化技术后能带来直接人工费用的节省、产能的提高及不良率的减少；从图 3－1 可以看出，对四大产业的制造业自动化有产能增加、降低不良率以及节省人力的显著成果。而其中的产能增加并不是由内生变量而导致的，而是由外生变量（生产技术的提升）的加入所形成的结果，所以就供给曲线的移动方向不是由点到线的移动，而是整条供给曲线的往内（左）移动（图 3－1）。

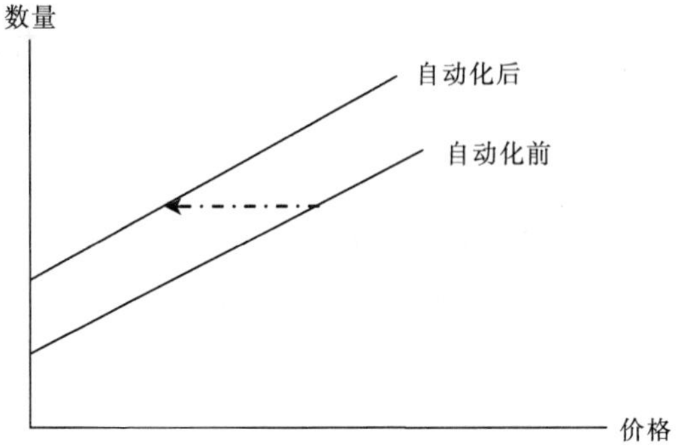

图 3－1 制造业自动化前后的供给线变化

商业自动化中快速响应系统与及时采购的经济效益，在产品的存货及销售总额中更加明显，如 Stalk 和 Hout（1990）指出，利用快速响应系统与及时采购产生的时间压缩效果可提高企业的市场占有率。这说明顾客的需求响应敏锐的企业，顾客对其商品的忠诚度将会提高，使企业可收取超额的价格或使企业能卖给顾客更多的商品或服务。

Larson 和 DeMarais（1990）提出快速响应系统有关的心理库存（Psychi stock），这种库存是因应零售展示所需的存货，是用来刺激需求的。因为货架上需有最低的心理库存，才会刺激顾客的购买欲望。商品存货不足所显示的低暴露（Low exposure）将会降低商品的销售，而满库存的商品货架，则会刺激顾客的购买欲望，从而增加商品的销售（图 3－2）。

以上的学者均认为商业自动化后：①降低产品的存货管理成本；②产品售价的提高；③市场占有率的提升；④顾客忠诚度的增加。这些经济效益显示出整条需求曲线的往外移动（图 3－2）。

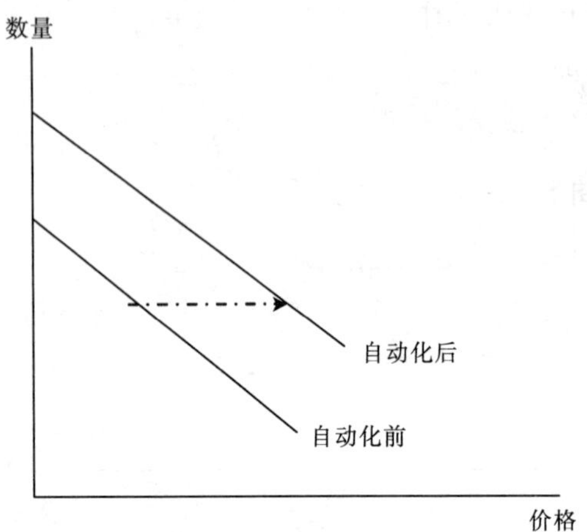

图 3-2　商业自动化前后的需求线变化

3.2　基本假设

由于制商整合是最近的一种观念，所以在数据取得上存在困难，况且资料甚少，故只能做简易的假设，将以定性的假设为主导，再配合一些定量的资料来佐证。

假设一：基于上一节的推论，制商整合后可看成单一厂商，就其产品的技术层面上（功能、式样、质量），具有高度的进入障碍，且整合后在价格的控制上仍取决于供需市场。也就是说，仅由一企业单独制销某一种物品，供应一国家或一市场，价格比在完全竞争下酌量提高但并非漫无限制，仍受消费者的购买力所拘束（谢洪畴，1995）。

假设二：不考虑价格在各期不均衡的变动，只考虑各期均衡变动（图 3-4 的 A、B、C、D 、E 各点），也就是纯粹静态比较分析。

假设三：制造业自动化不断的更新（如设备的更新、新资源的开发等），使得因技术的进步带来产量的大增；而商业自动化虽会带来需求量的增加，可是需求量增加的幅度，终究受限于人口。由上可知供给量增加的幅度较需求量增加幅度来得大，故假设供给量增加的幅度大于需求量增加的幅度。

假设四： 假设厂商的利润均为正值。

3.3　制商整合前后的价格和产量变化

经济模式中的需求简化函数为：

$$Q=a-b\times P \tag{1}$$

商业自动化后的需求函数为：

$$Q=a'-b\times P，且\ a'>a \tag{2}$$

经济模式中的供给简化函数为：

$$Q=c+d\times P \tag{3}$$

制造业自动化后的供给函数为：

$$Q=c'+d\times P，且\ c'>c \tag{4}$$

其中，a，a′，b，c，c′，d>0。图 3-3 为式（1）～式（4）的供需函数示意图。

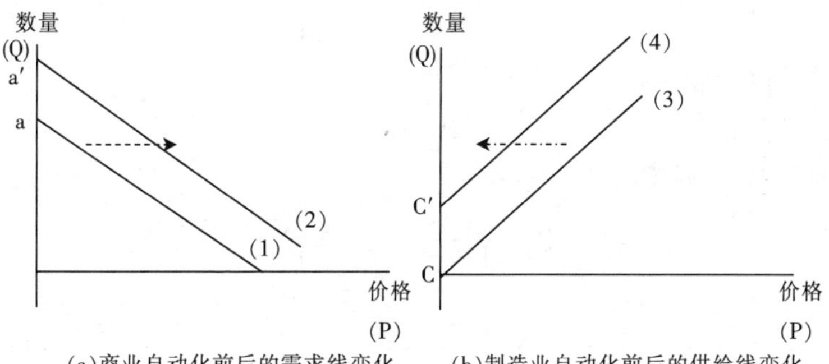

图 3-3　商业自动化与制造业自动化前后的供需函数变化

1. 各点在价格（P）和数量（Q）均衡的解释

令 A 点为原始的市场供需均衡点，

B 点为导入商业自动化后的供需均衡点，

C 点为制造业进行自动化后的供需均衡点，

D 点为制商整合后的供需均衡点。将 A、B、C、D 四点的坐标代入式（1）～式（4），则得到（如图 3-4）：

$$A=(P_A, Q_A)=(\frac{a-c}{b+d}, \frac{ad+cb}{b+d}) \quad (5)$$

$$B=(P_B, Q_B)=(\frac{a'-c}{b+d}, \frac{a'd+cb}{b+d}) \quad (6)$$

$$C=(P_C, Q_C)=(\frac{a-c'}{b+d}, \frac{ad+c'b}{b+d}) \quad (7)$$

$$D=(P_D, Q_D)=(\frac{a'-c'}{b+d}, \frac{a'd+c'b}{b+d}) \quad (8)$$

2. 求各阶段的价格（P）与数量（Q）的大小顺序

由假设三可知 $\Delta c>\Delta a$，即制商整合后的供给的变动产量>需求的变动产量。

$$c'-c>a'-a \qquad c'-a'>c-a \quad (9)$$

（1）各阶段 P 的排列顺序。

1）比较 P_A、P_B：

$$P_A=\frac{a-c}{b+d}, \ P_B=\frac{a'-c}{b+d}$$

已知 $a'>a$

所以 $$P_B>P_A \quad (10)$$

2）比较 P_A、P_C：

$$P_A=\frac{a-c}{b+d}, \ P_C=\frac{a-c'}{b+d}$$

已知 $c'>c$

所以 $$P_A>P_C \quad (11)$$

3）比较 P_C、P_D：

$$P_C=\frac{a-c'}{b+d}, \ P_D=\frac{a'-c'}{b+d}$$

已知 $a'>a$

所以 $$P_D>P_C \quad (12)$$

4）比较 P_A、P_D：

$$P_A=\frac{a-c'}{b+d},\ P_D=\frac{a'-c'}{b+d}$$

由式（9）知 $c'-a'>c-a$

所以 $$P_A>P_D \tag{13}$$

综合（10）、（11）、（12）、（13）得知

$$P_B>P_A>P_D>P_C \tag{Ⅰ}$$

（2）各阶段数量（Q）的排列顺序。

1）比较 Q_A、Q_B：

$$Q_A=\frac{ad+cb}{b+d},\ Q_B=\frac{a'd+cb}{b+d}$$

已知 $a'>a$

所以 $$Q_B>Q_A \tag{14}$$

2）比较 Q_C、Q_D：

$$Q_C=\frac{ad+c'b}{b+d},\ Q_D=\frac{a'd+c'b}{b+d}$$

已知 $a'>a$

所以 $$Q_D>Q_C \tag{15}$$

由于 Q_B 与 Q_C 的大小无法明显比较（视 b 和 d 而决定，可能是一产业不同而有所不同，将会在本章最后与第七章讨论），所以综合（14）、（15）得知

$$Q_D>Q_C>Q_A \tag{Ⅱ}$$

$$Q_D>Q_B>Q_A \tag{Ⅲ}$$

综合推论（Ⅰ）、（Ⅱ）、（Ⅲ）可知四个阶段的变化以导入商业自动化后的售价最高（P_B），而在制商整合后的产量最高（Q_D），这也说明了产业加入自动化后都使产能逐步增加（图 3－4，事实上，由图中亦可清楚地看出以上推论的结果）。另外，根据假设三的 $\Delta c>\Delta a$，即制造业自动化所增加的产能大于商业自动所增加的产能，一般产业界也是如此，而产能增加易造成市场供给大于需求的失衡状态。又商业自动化所造成价格提高，也会影响市场需求的改变。所以制商整合模式自有其必要性，此推论

将在下一节中证明。

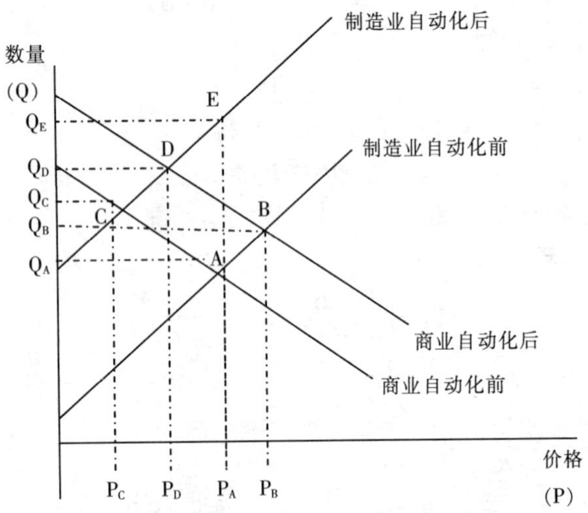

图 3-4　自动化前后各阶段价格与数量的比较

厂商在制造业自动化时可使产能增加、成本下降，而产品的售价反应在消费者上，如果未虑及消费者（需求面）时，将会生产过剩的产能，而过剩的产能常常会造成景气波动。

一般而言，商业自动化中的快速响应系统最能了解消费者的需求。因此产业与商业整合后，产业实时得知消费者的需求，来实时调整产量，将可避免供给过剩的窘境。本研究将仍以经济基本模型证明出此论点。

现在有一情况：当厂商的定价在 P_A 时，从制造业自动化后的供给函数来看，其最大的产能可为 Q_E。

将式（5）中 $P_A=\frac{a-c}{b+d}$ 代入式（4），得 $Q_E=\frac{c'b+ad+(c'-c)d}{b+d}$

因此，图 3-4 中的 E 点可解释为，在制造业自动化后，定价在 P_A 时的可供给产量为 Q_E。但是当市场价格为 P_A 时，消费

者的需求仅为 Q_A，

若要把市场需求量提高为 Q_C，则消费者接受的价格会由 P_A 下降至 P_C。也就是说，制造业自动化后，导致厂商把原有的价格 P_A，因成本下降而反应在市场价格上，而将价格调低至 P_C，而产能也要控制在 Q_C 之内。如厂商未考虑市场的需求，一味地大量生产至产能极限 Q_E，所造成 Q_E-Q_C 的“无谓损失”，其损失量为：

$$Q_E-Q_C=\frac{c'b+ad+(c'-c)d}{b+d}-\frac{ad+c'b}{b+d}=\frac{(c'-c)d}{b+d}$$

所以产业自动化后产量的控制需要在 Q_C 内，不然易造成不必要的存货。

但是，在本章第一节曾提到“心理库存”，不正是说产量要比需求多一点吗？商业自动化正好可解决制造业自动化的问题，因为商业自动化系统中可以反应市场的需求，如果制造业自动化和商业自动化能相互利用，制造业自动化就可依商业自动化把产能控制在市场的需求内，而不会造成不必要的存货，如 Q_D 内（为何不是 Q_C，因为制造业自动化的产能是 Q_C，而加入商业自动化后会刺激需求量，故产能增加到 Q_D），所以制商整合能使资源充分地配置利用，易达到供给等于需求的境界。另外，价格亦可定于 P_D（高于 P_C），此点对产业而言，亦有其利润优势。

3.4 制商整合前后的利润变化

制商整合后在供给和需求量都有大幅的增加，而价格的变化量下降，这反映了制商整合产品的数量与价格皆对消费者和厂商都有利。以下将导出到底在制商整合后，每增加一单位的产能使得制商整合在价格上的变化。注意，本研究在此所算出的变化并非就是所谓经济学的弹性，而是探讨市场供需均衡后在制商整合前和制商整合后的价格和数量的变化。

已知，制商整合前的价格与数量为：

$$(P_A, Q_A) = (\frac{a-c}{b+d}, \frac{ad+cb}{b+d})$$

制商整合后的价格与数量为：

$$(P_D, Q_D) = (\frac{a'-c'}{b+d}, \frac{a'd+c'b}{b+d})$$

1. 在整合后价格变动方面

$$\Delta P = P_D - P_A = \frac{a'-c'}{b+d} - \frac{a-c}{b+d} = \frac{(a'-a)-(c'-c)}{b+d}$$

由式（9）已知 $c'-c > a'-a$，所以

$$\Delta P < 0,$$

$$\left|\frac{\Delta a-\Delta c}{b+d}\right| = \frac{\Delta c-\Delta a}{b+d} \text{或} \frac{(c'-c)-(a'-a)}{b+d}$$

表示整合后的价格下降了。

2. 在整合后数量变动方面

$$\Delta Q = Q_D - Q_A$$

Q_A 和 Q_B 为制造业未自动化的产量，Q_C 和 Q_D 为制造业自动化后的产量。

（1）商业自动化前后利润比较。

令：C_1 为制造业自动化前的平均成本；Π_A 为商业自动化前的利润；Π_B 为商业自动化后的利润；依假设四利润为非负，Π_A，$\Pi_B \geqslant 0$。

$$\begin{aligned}\Pi_A &= P_A Q_A - C_1 Q_A \\ &= \frac{a-c}{b+d} \times \frac{ad+cb}{b+d} - C_1 \times \frac{ad+cb}{b+d} \\ &= \frac{ad+cb}{b+d} \times (\frac{a-c}{b+d} - C_1)\end{aligned}$$

$$\begin{aligned}\Pi_B &= P_B Q_B - C_1 Q_B = \frac{a'-c}{b+d} \times \frac{a'd+cb}{b+d} - C_1 \times \frac{a'd+cb}{b+d} \\ &= \frac{a'd+cb}{b+d} \times (\frac{a'-c}{b+d} - C_1)\end{aligned}$$

已知 $a' > a$

所以$\frac{a'd+cb}{b+d}>\frac{ad+cb}{b+d}$，

且$\frac{a'-c}{b+d}-C_1>\frac{a-c}{b+d}-C_1$，

得知：

$\Pi_B>\Pi_A$

也就是说，商业自动化后的利润大于其自动化前的利润。

（2）制造业自动化进而制商整合的前后利润比较。

又令：C_2 为制造业自动化后的平均成本；Π_C为制造业自动化前的利润；Π_D为制造业自动化后的利润。

仍旧依假设四利润为非负，Π_C，$\Pi_D\geqslant 0$。

则 $\Pi_C=P_CQ_C-C_2Q_C=\frac{a-c'}{b+d}\times\frac{ad+c'b}{b+d}-C_2\times\frac{ad+c'b}{b+d}$

$$=\frac{ad+c'b}{b+d}\times\left(\frac{a-c'}{b+d}-C_2\right)$$

$\Pi_D=P_DQ_D-C_2Q_D$

$$=\frac{a'-c'}{b+d}\times\frac{a'd+c'b}{b+d}-C_2\times\frac{a'd+c'b}{b+d}$$

$$=\frac{a'd+c'b}{b+d}\times\left(\frac{a'-c'}{b+d}-C_2\right)$$

已知 $a'>a$

$\frac{a'd+c'b}{b+d}>\frac{ad+c'b}{b+d}$，

且$\frac{a'-c'}{b+d}-C_2>\frac{a-c'}{b+d}-C_2$，

得知：

$\Pi_D>\Pi_C$，

即制商整合后的利润大于仅制造业自动化的利润。

（3）商业自动化进而制商整合的前后利润比较。

$\Pi_D=\frac{a'd+c'b}{b+d}\times\left(\frac{a'-c'}{b+d}-C_2\right)$

$$\Pi_B=\frac{a'd+cb}{b+d}\times\left(\frac{a'-c}{b+d}-C_1\right)$$

令 $\Delta cost=(C_1-C_2)$ 为制造自动化前后的成本变动，

由于 $\frac{a'd+c'b}{b+d}>\frac{ad+c'b}{b+d}$（$\because C'>C$），所以比较 Π_D 与 Π_B 可从 $\left(\frac{a'-c'}{b+d}-C_2\right)-\left(\frac{a'-c}{b+d}-C_1\right)$ 来探讨：

若 $\Pi_D>\Pi_B$，则

$$\left(\frac{a'-c'}{b+d}-C_2\right)-\left(\frac{a'-c}{b+d}-C_1\right)>0$$

$$\Rightarrow\ \frac{c-c'}{b+d}+(C_1-C_2)>0$$

$$\Rightarrow\ C_1-C_2>\frac{c'-c}{b+d}$$

亦即：

$$\Delta cost>\frac{\Delta c}{b+d}$$

$$\Rightarrow\ \frac{\Delta cost}{\Delta c}>\frac{1}{b+d} \tag{16}$$

式（16）可解释为，在每变动一单位产量下，将会使成本变动大于 d+b 倍时，制商整合后的利润才会增加，否则整合结果将造成利润减少。

由此章所推论的制商整合经济模型，制造业自动化及商业自动化均能提高厂商的利润；而制造业自动化整合商业自动化亦证明出利润绝对增加；但商业自动化整合制造业自动化则较未如其他整合情况乐观，仍得依据产业与消费者行为变化而定。

4　制商整合的管理基础

——企业资源规划

4.1　绪论

4.1.1　企业资源规划的定义

企业资源规划（Enterprise Resource Planning，ERP）一词是由 Gartner Group 于 20 世纪 90 年代初首先提出的。该机构认为 ERP 在功能上超过 MRPⅡ，除了信息科技以外，它还使用人工智能，具有仿真的能力，应用在项目管理、内部各功能的整合、质量管理、外部与客户供货商的整合，可视需要制作各式报告等。

美商甲骨文总经理何经华解释 ERP："客户导向的 ERP 是由生产导向的 MRP（物料需求规划）及 MRP Ⅱ（制造资源规划）演进而来的，系利用网络资源，协助企业控管财务、人事、供应链、制造、业务营销等五方面的执行成果。"

以推动 MRP、MRPⅡ而著名的美国生产及存货管理协会（APICS）（近年又改称为"资源管理教育协会"）在其 1995 年第 8 版的辞典里给"企业资源规划系统（ERP）"一词所作的解释如下："一个会计导向的信息系统用来确认和规划接受、制造、运送和结算客户订单所需的整个企业的资源。一个 ERP 系统和典型的 MRPⅡ系统的差异体现在技术上的需求，例如：图形使用者接口（GUI），关系型数据库，使用第四代语言，在开发上使用计算机辅助的软件，主从（client/servo）架构和开放式系统（open system）的便利等。”如此解释说明有几个重点：

（1）ERP 系统是以会计为导向的系统；

（2）ERP 系统以满足客户的需求为重；

（3）ERP 系统是对企业的所有资源作规划。在这方面它和典型的 MRPⅡ是相同的。

（4）ERP 系统使用许多 20 世纪 90 年代已经逐渐成熟的信息科技。

为何 ERP 系统的软件公司和使用者对 ERP 的认知有些差异，这其中有些原因：

（1）ERP 并不是一个“标准”的系统。每一家软件公司开发的 ERP 所包括的功能，与另一套 ERP 系统或多或少都有不同之处，因此在对 ERP 下定义时，较会倾向于强调已开发的功能及系统的特点。

（2）每一个使用者的需求不同。一家年营业额上百亿元的大型企业，其营运规模、组织、功能、资源等，要比年营业额一亿元的小型企业大得多。因此，两家公司使用的 ERP 也截然不同。

（3）ERP 仍在演进当中。随着时代的转变，外在环境的冲击以及计算机科技的进步，ERP 会加入一些新的功能或应用一些较成熟的信息科技。例如有人称下一代的 ERP 为企业全面整合（Total Enterprise Integration，TEI）。

因此，若要对 ERP 作个定义，使用者首先就要先问自己几个问题：

（1）我们是什么样的企业？

（2）我们的客户是谁？

（3）我们经营的事业／产品是什么？

（4）我们拥有的资源是什么？

（5）我们现在与未来营运的规划有多大？

（6）我们内部管理有哪些主要功能和流程需要整合？

（7）我们要不要和客户和供货商作整合？

(8) 我们需要具备哪些信息技术?

我们导入 ERP 系统的目的为何? 降低成本或提高竞争力? 也许经过这一番思考之后，每一个企业就可对自己需要的 ERP 系统作个明确的定义。

4.1.2　ERP 的演进

从上述的解释可看出，20 世纪 90 年代的 ERP 并不是一个全新的系统，它是由 20 世纪 70 年代的物料需求计划（MRP），20 世纪 80 年代的制造资源规划（MRPⅡ）所逐渐演进而成的。这三者的特点分别是：

(1) MRP。以规划需求的物料，包括原料和半成品为主。

(2) MRPⅡ。以规划制造所需的各种资源为主，除了物料以外还包括人力资源、机器设备的产能、工程和制造方法，以及资金等。

(3) ERP。除了对制造的各种资源作规划，作内部各功能的整合外，外部也与客户和供应看作整合。

从功能面来看，MRP、MRPⅡ、ERP 三者的差异如下：

(1) 物料需求计划（MRP），包括下列主要功能或子系统(如图 4-1)：

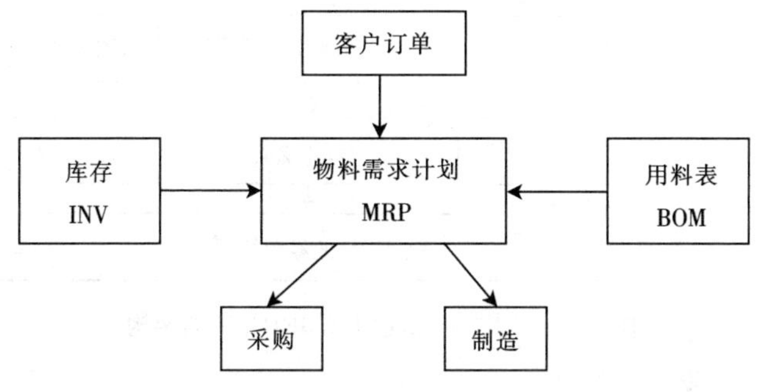

图 4-1　物料需求计划（MRP）的架构

- 客户订单处理；
- 主生产流程（MPS）；
- 项目基本数据与用料表（BOM）；
- 库存管理；
- 采购；
- 生产现场控制（PAC）；
- 产能需求规划（CRP）。

（2）制造资源规划（MRPⅡ），除了 MRP 的功能之外，另包括下列内容（如图 4-2）：

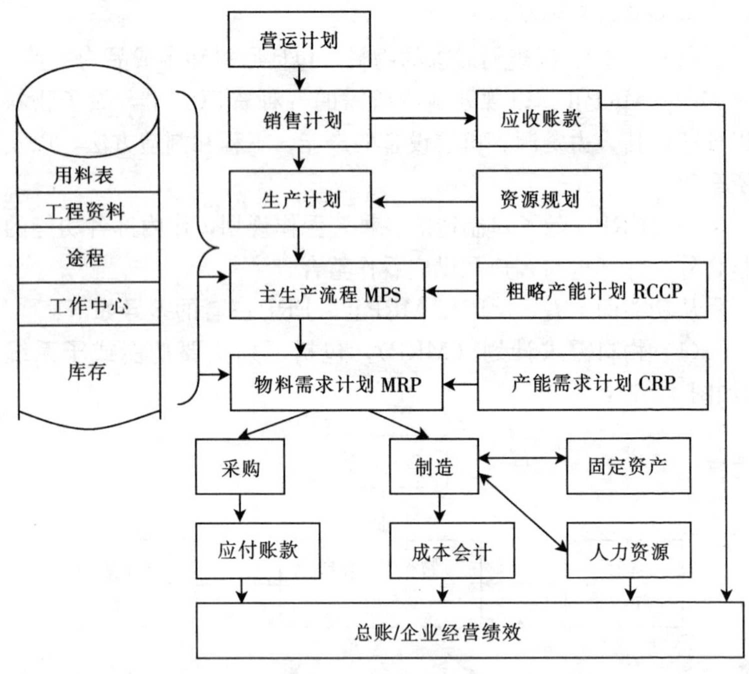

图 4-2　制造资源规划（MRPⅡ）的架构

- 企业营运规划；
- 需求计划；

- 预测；
- 生产计划；
- 应收账款；
- 应付账款；
- 固定资产；
- 总账；
- 成本会计；
- 薪资；
- 人力资源；
- 企业经营绩效评估。

(3) 企业资源规划（ERP），除了上述 MRP、MRPⅡ的功能之外，还包括下列内容（图 4-3）：

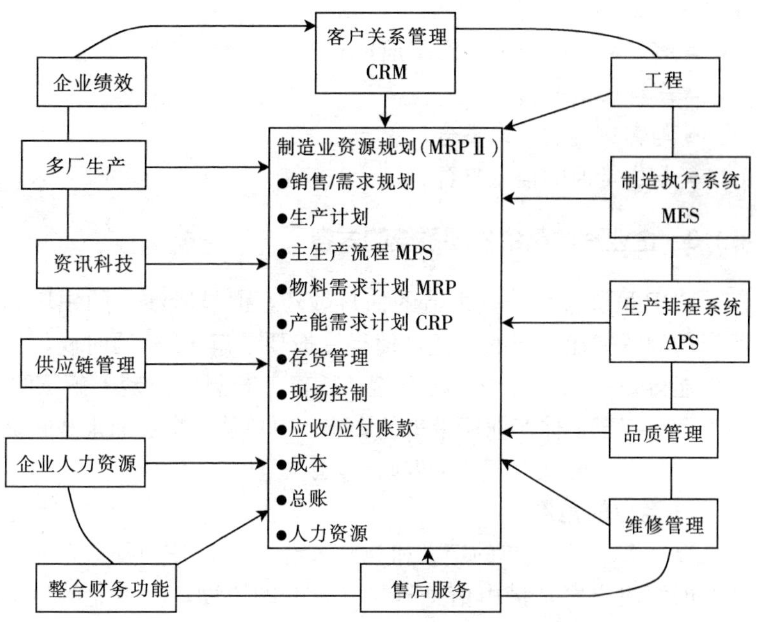

图 4-3 ERP 的架构

- 销售功能计算机化；
- 工程功能计算机化，如 PDM，CAE；
- 先进的流程计划系统，如 APS；
- 制造执行系统（MES）；
- 配销／运筹管理；
- 质量管理；
- 维修管理；
- 现场／售后服务管理；
- 整合的财物功能；
- 企业人力资源；
- 供应链管理；

此外，随着经营环境的变化，全球化的趋势，ERP 的系统还加强一些特殊功能，例如：

- 多厂（一个以上生产基地）；
- 多种币值的转换；
- 与客户端的信息整合；
- 与供货商的信息整合。

4.1.3 企业资源整合规划系统的内容

ERP 虽被喻为企业再造的仙丹妙药，但是所涉及的领域和所牵动的范围却相当的广泛，使得一般要了解 ERP 的时候，往往仅能得知一二，无法一窥全貌。所以，若想要清楚了解 ERP 对于企业甚至整体产业所带来的影响，单单从一个层面来观察是不够的，必须要从以下几个方向切入：

1. 商业的角度

以一个 ERP 简单的定义和观念来看，ERP 是一种“企业再造”的解决方案，借由信息科技（IT）的协助，将企业的运营策略与经营模式导入整个以信息系统为主干的企业体之中。言虽如此，ERP 却绝不仅仅只是科技上的改变，它还牵涉到组织内部所有关于人员、资金、物流、制造，乃至于整个运作流程和组织机制相关的全方面“变革管理”（Change Management）。换言之，ERP 系统能够有效把握各式各样的相关信息，并且协助决策主管迅速地分析市场环境，了解产品销售特性，同时能实时地制定因应策略。

2. 组织流程的改革

从组织内部的构面来看，ERP 系统涵括了组织的运作、管理、沟通、档案处理，以及决策等企业数个相当关键的流程，同时它也整合了以往的物料需求计划（MRP）、人力资源管理、财务管理、项目管理等既有的架构，更纳入“全球运筹”（Global Logistic）的观念。

3. 技术架构的突破

整个 ERP 的技术架构有一个基本的信念，在整个企业组织内，要让所有使用者使用单一的数据库系统和共同的应用程序，以及统一的使用者接口。在这样的前提下，ERP 业者广泛使用各种网络技术，从 Internet 到近几年企业内部兴起的 Intranet 和 Extranet 观念，让导入 ERP 系统的企业能够由内到外都拥有相同的使用界面与统一的商业信息，大幅提升沟通能力与组织运作的效率。为了提供给使用者更有效率的操作环境，多年的尝试下来，ERP 业者发展出一种三层式（3 - tier）的主从（Client 念 Server）架构。经由这样的方式，使得使用者的接口层（UI, User Interface），与中间的应用程序层（Application Layer）和最底层的数据库（Database）能够理清彼此的功能领域，并且分层管理，不论在资源的重复使用或是管理便利性上，都有很大的突破。

4. 整体管理效能

最后，从功能面来说，一般的 ERP 系统主要提供的功能有产业供应链管理（Supply Chain Management），财务管理（Financial Management），生产管理（Manufacturing Management)，人力资源管理（Human Resource Management），以及项目管理（Project Management）等。不过，因为各种产业的特性与不同公司间的实际营运状况有相当大的差异，所以在导入ERP系统的时候，有时又会以选择性的方式增加一些外挂的模块，来提升整体的效能。

4.1.4 为何需要企业整体资源规划

许多公司怀疑企业整体资源规划为何如此受欢迎，也不知道投资许多钱在软件上是否值得。事实上，并不是每一种行业都适合，要看市场需求及产品功能，使用者在选择企业整体资源规划软件时一定要确认本身实际的需要。

1. 机会与挑战

实施企业整体资源规划软件系统能给予企业机会，但也是一个极大的挑战。它提供企业再造及更换旧系统的机会，而管理这么大的项目就是一个挑战。有些计算机部门从没有处理过一个如此大的项目，如何将硬件、软件及顾问群整合在一起，在一定时间内将项目完成，就是一大挑战。

2. 企业整体资源规划的实施只是迟早的问题

企业的竞争与日俱增，企业整体资源规划迟早会被引进，这只是时间早晚的问题。有些企业没有立即引进的压力，可以多等几年，有的已经开始了。不论如何，每一家企业都应该及早规划何时引进和用哪一种方式去做。

企业不停的再造与改变，未来能成功的公司必须有相当弹性，能使用反映市场改变的应用软件。这也是为什么企业整体资源规划厂商花大量研究人力在对象技术（Object Technology）的应用上的缘故。此外，企业界相互并吞及组织扁平化的趋势，也使得企业必须配置开放的信息架构，以应付未来不停的重大变化。

企业及科技在未来五年的信息快速改变，会迫使制造厂商寻求较好的科技与功能。公司能快速地从世界各地取得产品及提供客户服务，将有较好的机会。唯有采用正确的科技及组织架构的公司，才能在这高质量、低价位及快速反应的环境中生存。

3. 采用企业整体资源规划做整体方案的成本分析

企业整体资源规划软件目前的价格并不便宜，企业规模愈大，价格愈高。顾问群的价格也居高不下。在未来的几年内，我们可以看到软件价格下降，而顾问群的价格持续上扬，直到供需平衡时，才能获得缓解。客户在寻求解决方案时也必须考虑软件的价值及其所采用的步骤和方法。

4. 企业整体资源规划的短期效果

大多数的公司都为了使用同一厂商及标准化系统而开始进行企业整体资源规划的流程，许多公司一直为了太多的金字塔形的组织架构及不同的系统感到十分困扰。信息的难以取得、旧系统维护、软件欠缺弹性改善的功能是公司想使用新计算机系统的原因。为了减少复杂性及善于利用公司现有的资源和数据，公司都想试着走向标准化，然而因为供给链的需求，以及没有一家厂商可以提供单一方案去解决所有制造业的问题，有些公司仍以一个企业整体资源规划系统为公司的基本架构，再加上不同的解决方案。

5. 企业整体资源规划的中期效果

供给链的管理是制造业一个持续的焦点。过去单一供货商的观念将会渐被淘汰，原因有二：①没有一个软件系统可以完全适合各式各样的制造业（垂直工业界）及不同的工业，②新的科技使得接口的延伸更加成熟。那些不重视供给链的管理，没有将客户及供货商紧密联结在一起的企业，会发现自己在竞争力上显著的落后，或是有失败的危机。同时这个联络方式面对改变时必须非常有弹性。

6. 企业整体资源规划的长远效果

在长远方面，太过注重供给链管理，会本末倒置地忽视后勤支持管理。供给厂商最需要的是能提供整体交易及资产最佳化的应用软件。未来制造业不经过传统分销系统而直接交货给客户，针对客户需求制造，减少库存等会将现行的排程方式转变成企业整体资源规划系统的 Constraint-based approach。

今天，企业整体资源规划供货商会与其他外围厂商联结，去提供客户完整的企业整合服务，然而我们相信在未来几年里，有实力的厂商会强化自己软件的外围功能来提供企业最佳化的整合服务。客户必须重估他们在不同功能上所获得的价值，在他们选择企业整体资源规划软件的供货商时，需要保证应用程序对自己的需求有长期价值。企业整体资源规划厂商需要知道他们不只是在一个勉强合适的计算机平台上重建一个旧式的交易程序，而是由基础做起开发一个能反映企业界不停变化的应用程序。

4.2 企业资源规划系统的导入

4.2.1 应用企业资源规划系统的成功要素

在应用 ERP 系统的过程中，企业营运过程的再造是必要条件，因此对如何使流程再造成功，是值得深思的。流程再造要能实施成功，可从人的推动方面、分析企业组织方面与目标绩效的评估上来考虑。

1. 人的推动方面

宏电集团于 3 年前，即开始建置集团的企业资源规划系统(ERP)，借助一套强而有力的信息管理系统，使内外部资源联结，提升企业长期竞争力。在整个 ERP 的建置过程中，由于牵涉到企业流程的改造及管理架构的改变，因此“人”成为影响整个系统是否能顺利完成的关键。

(1) 强而有力的领导者。在导入 ERP 系统时，需要一位能力很强的领导者，作为执行过程的领航者。根据多项研究报告显示，企业在推动流程再造计划时，有着很高的失败率，探究其因再加以分析，主要因素与企业经营者和流程再造领导者有关。这两个角色可能由同一人扮演，也可能是两位不同的人。基本上，只要这两人的理念与做法一致，不要经常意见不合而使部属无所适从，可降低一些失败的风险。假设两者的意见和做法一致，领导者对于企业再造工程要有整体的概念，避免只知企业要再造就空谈再造，仿佛是赶时髦而不切实际。相反，这位关键性的人物应该整体性彻底了解为什么需要再造，以及要如何再造。

（2）公司成立再造委员会，成立 ERP 工作小组，跨部门推动。组织一跨部门的团队，检视企业整体营运流程与个别部门功能，重新定义企业运作的商业模式（Business Model）。在流程再造规划期间，除了思考各种程序外，还要找出组织内各单位的意见领袖，随时保持良性的互动。由于 ERP 的建置牵涉到跨部门的沟通与协调，因此宏电集团于 3 年前，成立跨部门的工作小组，且由 MIS 副总执掌，直接向总经理报告。在该工作小组之下，依部门与工作分工的不同，又分为 7 个单位，每个单位成员多至 3 位、少则 1 位，涵盖的成员包括生产、财务、运送、售后服务等部门的资深主管（多为经理），借由每周多次的开会讨论，理清工作流程，了解信息管理如何融入工作流程中。单位与单位间的沟通协调，则至少一周一次，最后该工作小组于每个月向总经理进行报告。ERP 建置的结果固然重要，但更重要的是，在建置过程中，企业内部、跨部门的充分沟通，化解各部门间可能存在的嫌隙，让员工能更紧密地结合在一起，发挥整体战力，却是 ERP 建置过程中对组织最大的贡献。

（3）由上而下，充分授权。宏电集团在总经理及 MIS 副总带领下，结合公司各部门的共识，贯彻执行未来发展的远景，公司未来的远景借由组织再造的过程，深植于每位员工的心中。以往，企业领导者认为，MIS 部门是花钱的单位，其功能仅在于管理信息，并未贡献实质营收；可是在国际化的脚步下，企业管理的范围遍布全球，信息的传递与管理成为一项艰巨的任务，强大的信息管理系统的建置成为势在必行，在推动过程中，领导者的支持与执著，成为ERP成功的保障。

（4）妥善借助外力，加速完成。由于建置ERP需相当多的专业知识，因此有效地运用外部资源（如管理顾问公司），能缩短建置的时间，避免走不必要的弯路，若运用得当甚至能节省开发成本。因此，妥善借助外力、有效的管理顾问公司，融入企业组织再造的流程中，亦成为重要的课题。

2. 分析企业组织方面

流程改造计划的内容要有一定的格式与表达方式，并且所要执行的工作必须符合企业文化和发展目标。在推动流程的再造工程中，需要有专业顾问的参与，因此在进行过程中，借助管理顾问公司的力量，帮助部门理清需求与建置未来系统的方法；使执行过程中遇到问题有对象可咨询，减少自己采用试误法所造成的损失。顾问必须具有会计、管理、信息方面的专业知识，并且对产业要有相当的了解，不宜有外行教内行的现象产生。因此与外部管理顾问公司的沟通就显得十分重要。由于企业的需求就数员工最清楚，管理顾问公司扮演辅助的角色，而不是主导者。因此，宏电集团在建置过程中，借助6、7个专业的管理顾问公司，协助ERP的建置。尤其现有的ERP系统大都是软件包，每套模块有不少的参数要设定，需要运用统计方法来选定适合的参数。对组织的分析方面包括以下几点：

（1）分析企业目标与核心策略。分析公司的企业目标(goals)、核心竞争力（core competence）以及策略趋力（strategic driving force），并且了解导入ERP系统后如何强化这些优势。

（2）建构组织的商业架构。分析企业的商业流程与运作模式，发展的运作模型架构。

（3）定义组织功能及机制。将组织本身以及相关的流程、运作机制和部门功能作明确定义与划分。

（4）评析现有组织功能上的不足之处。找寻组织在现有功能、流程的缺点与（或）整体上效能不足之处。

（5）调整企业流程以符合 ERP 系统功能。规范制定企业既有的商业活动，以确保能符合 ERP 系统的规划目标。

3. 目标绩效的评定

为了要使 ERP 系统能够顺利发挥功效，需要有效且完整的流程改造执行控管表，如此领导者才能随时控管再造工程的进度与成果。一般设立的指标包括：

（1）设定可评价的指标或数据。制定可量化的关键指标以判定整体效能使否提升。

（2）制定 ERP 对企业整体营收的目标预期。制定预期导入 ERP 后对企业带来的整体影响与经济层面利益的目标。

（3）制定检核清单，评断投资报酬。设计一份包含软件、硬件、导入流程、人员训练，维修咨询与相关费用的检核清单，以评断投资是否值得。

（4）评估导入效益，检视导入历程。评价导入 ERP 的整体效益与投资报酬率，同时建立一套架构呈现整个项目的导入历程。

总之，ERP 的规划将使整个系统运作更为流畅，虽无法收到立竿见影之效，但对企业永续经营的能力提升甚多，更是公司无形的资产。因此，信息厂商未来的胜算关键之一，将取决于谁可快速建立并有效运作此系统。

4.2.2 实施企业整体资源规划软件的关键步骤

企业整体资源规划的实施越来越繁杂与危险，企业若不能持续地评估它们，就无法享受到经营和财务上的好处。大多数的客户都有很多分公司，数以百万投资的企业整体资源规划系统常会遭到轻微或强烈的抵制，有时甚至会取消实施计划。如能依照以下方式去进行，大多数的抵制都会迎刃而解。

1. 专注基础要件

项目的进行有时会失去方向，一切从头来过并不实际。最重要的是了解这个项目的主要目标是什么？关键功能与流程是什么？达到每一个里程碑时，最好能花一两天时间检查项目是否有偏差。

2. 雇用有经验的项目经理

有经验的项目经理在企业中并不多得，大多数公司都依赖顾问去引导他们完成计划。虽然顾问都以客户的最终利益为诉求，但太过仰赖顾问，反会造成失败。企业必须在内部或关系企业中，寻找一个有经验，同时又管理过大型项目的人来带领，计划才容易成功。

3. 要求供货商的参与

许多企业整体资源规划供货商会完全由第三者，如商业顾问或系统整合公司，来提供系统上线的服务。这样的结果造成客户与供货商之间渐行渐远。企业应与软件供货商之间保持紧密的联系，随时让供货商了解计划的进度及状况，在必要时寻求供货商的支持，以确保项目的成功。

4. 维持项目的主控权

在某些原因下，如内部政治因素、缺乏技术等，企业常失去了对项目的掌控权。一般而言，一个项目计划的顾问与内部人员比例应为4∶6，无论如何，日后系统的维护终究是公司人员自己的责任。唯有完整的技术转移，才不至于日后完全依赖于顾问。为长远打算，企业应与硬件、软件及数据库的供货商保持良好与交互式的联系，这样整体系统的维护才能连接起来。

5. 重新考核项目的功能和先后顺序

参考其他公司已经实施相同企业整体资源规划的经验，同时也将此企业整体资源规划软件未来发展方向及将新增功能列入项目的考虑范围。一个成功的企业必须要有弹性，如果弹性不够，也要想办法增加配合度，才能确保成功。

6. 必要时重订期望

在不得已的情况下，项目组织有时必须重新评估整体计划的目标及可行性。或许这样的重估在面对高层管理人员和一般使用者时或许相当困难，可是闭着眼不顾事实的往下做，反而会造成日后更大的损失。

7. 清晰的策略性的应用或产品的接口及延伸

在今天的市场，没有一家供货商可以完全提供或满足企业所有功能上的需求，有时也必须有一些妥协或是寻求其他应用系统做接口上的延伸。有些供货商或顾问公司会软硬兼施地要求企业只用软件本身的功能，尽量少用其他软件系统做接口上的延伸，在这种情况下企业要坚持自己的主张。

总而言之，常态的审核企业整体资源规划项目的进行，如果有任何延迟，关键性的差失或成本价格的追加，都要做出立即的警示。一个项目成功的要件，在于如何管理这个项目，而不仅仅是选择企业整体资源规划本身。

4.2.3 如何选择合适的厂商

企业有好的应用软件及科技，将继续留在市场上，其他的会很快地被淘汰或重整。客户花了上百万、千万的长期投资在软件系统上，必须选择一个可靠又有能力的厂商来支持它们。

以下是选择的条件：

1. 功能

功能的多寡和实施的难易程度是一体的两面，功能越多就越复杂，就越难以实施。小型公司可以以较少的功能换取较少的实施费用。

2. 前瞻性支援

企业整体资源规划厂商若没有前瞻性，将会逐渐丧失对客户要求的反应能力，而无法供给客户所需的支持。

3. 售后服务与支持

厂商是否用有经验的顾问来加快实施时间，是否提供良好的售后服务。例如能提供实时电话支持、足够的文件、利用网络应用软件使用者的讨论及问题的解答来做为数据供应方式，都是考虑的要点。

4. 使用接口

需要有较易使用的接口，个人计算机窗口就是一个很好的终端接口。

5. 费用

费用分为厂商软件执照费及实施费用。通常系统的实施费用可能远超过执照费用，使用者训练费用及售后服务也是一笔不少的支出。客户必须要把这三方面综合在一起考虑。

6. 厂商存活力

由于市场快速膨胀及对厂商的支持和售后服务的需求，我们相信未来供货商会有相当程度的整合。选择未来的赢家是保护公司长期投资的最佳方法。只有少数的企业整体资源规划厂商能花上足够的研发经费及不断地在科技上革新，花费在研发事业愈多的厂家，其存活率就愈高，在这方面领先的厂商有 SAP、BAAN 及 ORACLE。

4.2.4 导入策略

这套系统不同于一般导入的计算机系统，不但金额庞大，更攸关企业的存亡，外界提供的产品众多，又由不同的业者搭配相关硬件与整合服务兜售，使得企业主在选择上增加了不少的困难。稍不注意不但无法提升企业获利能力，更可能导致企业体质的衰弱。为此，在选择该导入何种适合自己企业的 ERP 系统时，我们从 ERP 产品与系统业者两种角度，提供几点建议：

1. 导入方式

由于每家企业的策略定位与核心产品不尽相同，因此在发展 ERP 系统与导入方式时，就有许多种不同的看法。通常企业在导入 ERP 系统时，会遵循三种不同的方式：

（1）全面性导入。对于一般企业选择的导入方式来说，最普遍的莫过于全面性导入了。它是将企业现有的系统淘汰掉，而直接改用整套 ERP 系统来连接全球的事业单位。采用这种模式的企业大多希望借由这样的改变，调整组织的营运方式与人员编制，同时达到企业流程再造的目标。但是相对的，这样贸然地大规模改变组织体质，也有可能造成企业内部的严重危机。

（2）渐进式导入。渐进式导入速度慢，但是可以让子集团循序导入，这种一个成功了再换下一个的模式，便可以大幅降低风险；另一项优点就是，导入的经验与相关资源可以逐渐累积，节省重复的花费。最后整个集团的导入经验还可以彼此传承，甚至当作产品协助其他厂商导入，开发新的资源。特别是采取分权式的大型企业，会选择渐进式的导入。以宏碁计算机而言，由于整个集团庞大，当初决定要导入 ERP 系统 Triton 的时候，就决定要以个别导入的方式，先由海外的分公司导入，待国外的厂都施行成功，运作顺利之后，最后才进行公司总部的改造工程。

（3）快速导入。在时间珍贵竞争激烈的产业环境，企业为了增加时效性，便会参考相同产业中其他厂商的导入模式，或是由 ERP 产商提供的“最佳管理实务”（Best Practices），迅速建构自己的 ERP 系统。快速导入方式是，采用部分的功能模块，而不是整个系统。因为产业的特性，或是企业的迫切需要，有时候 ERP 厂商提供的解决方案并不完全适用，所以企业可能就仅自己未来的需求作规划，导入财务、人事管理、物料管理，或是配销流程等部分模块，等到将来有别的方面的需求时，再导入其他的功能配件。以震旦行的流通事业部为例，便是先采用 SAP 财务与物流部分的功能模块，然后再进行企业流程再造（BPR）。这样的导入流程是比较温和的方式，另外可以先试用这样的产品，解决当前需求，才全面地导入采用。而且对于整体成本来说，也可以借由分阶段的方式，分散成本与风险。

2. 产品选购方式

ERP 产品为了增加弹性以及符合部门的特性，在设计上是依照功能类别作划分的。因此企业在导入 ERP 的时候，可以只选择部分的模块（Module）或软件套件（Software Package），也可以购买整套的软件系统（ERP System）。这在导入成本上的考虑是很重要的，因为不同的产业特性可能有不同的运作模式，所以买一套功能虽然齐全却过于庞大的 ERP 系统，不但旷日费时，所费不少，最后又用不到那些多余的功能，实在不是很明智的决定。所以选购 ERP 系统时要先考虑自己企业的特质和相关需求，再在导入的功能模块上做相应调整反应。

3. 导入时机

此外在导入所需的时间成本上，企业主也需要多加思考，什么样的时机是最适合的？因为，以现阶段来说，平均一家颇具规模的国际企业，要导入完整 ERP 系统的时间大约是 14 个月，也就是说这样的投资必须要一年多之后才能正式启用，而要体验到整体效率的提升，得要再过一年。从先前的审核，决定产品与相关配件，到实际导入，再到最后阶段的上线使用与验收，中间可能会有两年以上的时间，这样攸关企业存亡的投资要到这么久之后才能知道成败与否，中间风险实在很高。所以，导入的时机（Timing）是相当重要，需要详加考虑的。

4. 最佳化调整

ERP 产品是个一般性的产品，所以对于各种行业的特性并不都能达到顾客的要求。因此，ERP 厂商往往会提供一些外挂模块（Plug-Ins）给客户做最佳化的调整。不过，因为产业差异太大，甚至各个公司的特性也不尽相同，所以，常常还会另外撰写特定功能的程序模块，以取代原来不敷使用之处。所以在规划这类特别撰写程序模块的时候，需要注意软件开发上的风险，像是开发时间延迟过长，外挂模块与现有系统不兼容，或者是程序有错误都会造成不少的风险。有时候企业为了要避免这样无谓的风险，宁可让组织架构去做调整来符合 ERP 软件的需要。

5. 慎选厂商

现阶段 ERP 市场发展，从厂商的历史发展与核心业务（Core Business）来看，大致上可以区分为 ERP 软件业者（ERP Software Vendors）、专业顾问公司（Consulting Firms）、信息厂商（IT Vendors）者等 3 类。挑选 ERP 软件与相关的导入厂商时，首先要对于公司所能提供的服务有所了解。像是公司的规模与全球的服务据点等皆要了解。公司的规模，可以确保未来长期合作的质量与服务，至于据点的设立与技术的支持则反应这家公司能否提供企业实时最新的信息与资源，这对企业长久的发展与维系来说是很重要的。

接下来企业需要了解的是该公司与所提出的解决方案，和自己企业能否契合。也就是说，这样的产品与 ERP 公司的支持，与自己的产业特性是否相关，这是不是这家公司长期发展的领域，它累积的经验是否足够，都是需要考虑的。另外值得一提的，这些 ERP 厂商的产品是否搭配其他的相关软硬件与顾问训练厂商也是一个很重要的考虑。因为一般的 ERP 软件商并不直接提供导入的服务，所以往往会搭配其他的协力厂商来帮助企业规划并导入整套的软件系统。一套完整的导入流程，除了选择合适的 ERP 软件，还要选择正确的导入方式（包含了企业再造，软硬件技术支持等），才能达到预期的效果。

4.2.5 导入流程

导入过程往往是整个 ERP 项目成败的关键，其中，除了企业本身的认知与内部沟通外，扮演辅导角色的管理顾问公司更是不容忽视。目前，多数协助 ERP 导入工作的专业厂商都有一套完整的方法论（Methodology），在此，仅以 SAP 的 ASAP 导入流程为例，说明 ERP 导入时的阶段性活动。

步骤 1：项目准备

为了要成功达到 ERP 导入的目标，所以在最初的时候，企业应该与协助导入的厂商一起组成一个跨部门的项目团队，集合企业内部与外部的人才，共同准备这个项目的执行。

步骤 2：勾勒企业蓝图

在准备的工作完成之后，接下来就必须理清企业的定位与愿景，以及企业的需求以及所需做的努力。也就是要建立一份企业再造的蓝图，充分地描述导入 ERP 系统之后带给企业在各方面的效益。借由这样详细的作业流程，可以使项目小组明确地界定整个项目的涵盖范围，同时可以作为企业往后不断精进的指引。

步骤 3：系统导入

在 Consulting Team 的协助之下，项目小组逐步地将 ERP 系统导入整个组织当中。先完成企业内部的流程再造，同时将人员训练完成，并且安装好相关的软硬件设施。在导入过程中若是遇到任何初期规划没有考虑到的情形，需要再重新思考整体架构，并且做出合适的调整。

步骤 4：最后准备

经由不断地测试与调整，使得整个系统能够达到最佳的状态，同时开始让员工实际上线模拟操作，以熟悉整套系统的工作流程。此外，如何将现有工作模式切换到增加 ERP 系统的环境，也是现阶段的目标。

步骤 5：实际上线与后续支援

在一切准备工作就绪之后，ERP 系统即可正式上线运作。此时，项目小组必须随时观察并提供必要的援助，使得转换的工作能够顺利进行。此外，就系统长期的维系与功能更新而言，ERP 厂商与辅导厂商也需和企业密切联系，才能不断精进。

步骤 6：持续变革

在完整导入与执行 ERP 后，一个更重要的议题是，如何永续经营这样的企业组织。因此企业领导者必须要有前瞻的眼光，持续不断地进行良性的改变，调整组织的体质，让它更能面对未来的挑战。

5　制商整合的运筹管理

——信息管理

5.1　绪论

5.1.1　CALS 的演进

信息运筹管理（Commerce At Light Speed，即 CALS）是在 20 世纪 80 年代中期，由美国国防部开始实施，主要是为了解决武器装备维修文件数据量过于庞大的问题，起初的应用是将武器系统的技术数据予以数字化、标准化，提升后勤支持的作业效率，而后逐渐扩大应用于数据交换、作业程序改进及产品数据管理等，并且将应用范围由国防转移至民间产业。而其演进过程可分为四个阶段（如图 5－1 所示）：

第一阶段：计算机辅助后勤支持（Computer Aided Logistic Support），是指运用数字化信息以支持产品在使用阶段的保养维修。

第二阶段：计算机辅助获得及后勤支持（Computer-aided Acquisition and Logistics Support），是指运用计算机辅助产品在开发阶段之后勤支持设计与使用阶段之后勤支持。

第三阶段：持续获得及全寿期支持（Continuous Acquisition and Life-cycle Support），是指在产品寿命周期阶段提供持续获得的数字化数据交换。

第四阶段：光速下的商务（Commerce At Light Speed），是指运用计算机网络及数据的信息化，将产品生产所需的信息快速获得，以完成光速般的产品生产。

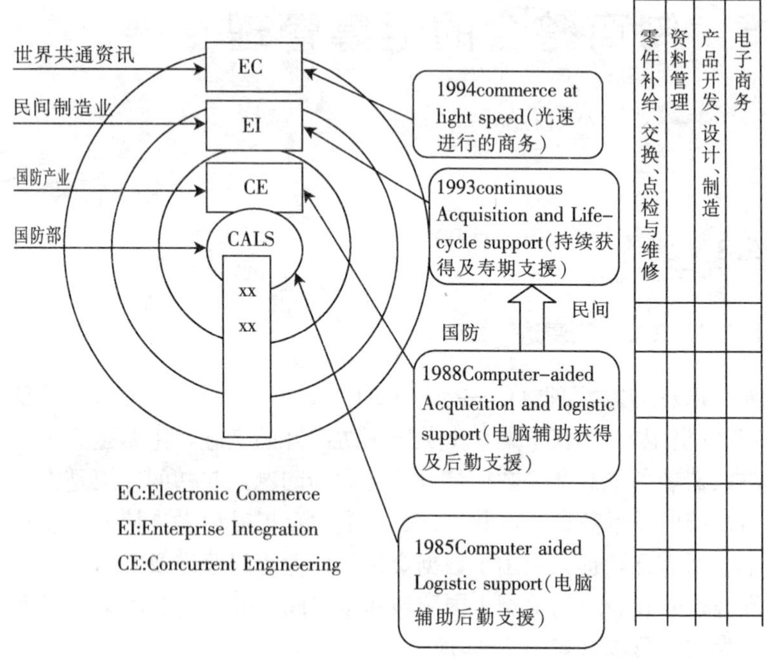

图 5-1　CALS 的演进

CALS 的演变从最初的 CALS（Defense CALS）一直演变到现今商业的 CALS（Commercial CALS）：①扩大应用范围至国防以外的产业，并且着重企业再造；②产品自设计、发展、制造、销售到使用，整个产品生命周期皆运用整合数据库来支持；③采用 ISO 国际标准进行数据交换；④结合因特网（Internet）。

5.1.2　信息运筹管理的定义

信息运筹管理（CALS），是指信息整合、分享及交换；通过改造作业程序、信息与标准的运用，建立全球共通的商业系统以及无纸化的作业环境，将业务上的信息予以电子化、标准化，再运用数据库及网络系统使所有信息用于交换、共享为目标的策略。

而以其内涵来讲，信息运筹管理是有效应用各种可行的信息技术、国际标准与管理方法来构建信息整合、交换的数字化作业环境，进而达成下列目的的经营策略。①企业内，可经由信息交换、共享与企业流程再造，以推动更快速、更精确、更低成本的运营目标，进而提升企业内部产能；②企业间，经由企业组织间各项相关信息的交换，达成企业整合及电子商务的实现。

对制造业而言，CALS 的最佳定义为（陈正沛，1998）："在产品生命周期的各阶段作业中，能持续获得数字化信息的资源，以达成满足最终使用者需求为目的的数字化数据的运用、交换、产生及管理的整体策略。"

根据上述的定义，整理出此定义下的 CALS 所涵盖的内容（陈正沛，1998）：

（1）CALS 运作范围是涵盖整个产品生命周期的所有相关作业活动及该作业的所有厂商及个人。

（2）市场开发决策与企业策略层面的产品规划等，有关策略规划方面的事务，都可经由 CALS 的支持，而让企业能针对目标市场，发展符合顾客需求的产品与服务。

（3）产品生命周期内的所有作业运作所需的信息或所产生的信息，都具有一定程度的相关性，且企业运作的所有作业活动，都可经由信息的共享，以达到有效的整合。

（4）在产品生命周期各种活动中（如物流、金流、信息流、作业程序），信息流扮演最重要角色，因为信息流主导产品生命周期内整个的作业活动，并控制各项作业的效率与质量。

近年来，由于整个国际经济环境的快速变化，许多跨国企业为了整合全球各地的制造、销售、研发与服务，增加公司本身的竞争力，缩短产品开发的时间与降低生产的成本，纷纷采取 CALS 的策略，其目的在于使企业能以产品为核心，将产品生命周期中所需的技术数据及商业应用数据，做一有效的应用、交换与管理。

商业 CALS 应用的范围可包括企业界、产业界、制造商、供货商及客户间的产品各阶段的作业，其主要是根据产业结构的不同与产品生命周期形态，并按照 CALS 观念，运用国际标准（ISO）达成信息的交换与共通，借此提升产品质量，减少生产成本及增加产业竞争力（Daneil，1994）。一般而言，CALS 全称是 Continuous Acquisition and Life-cycle Support，但由于随着时间的演进，其名称屡经变革，且 CALS 的应用与定义也逐渐扩大，最后甚至被称为 Commerce At Light Speed，故 CALS 缩写早已超越其原本的含意。

5.1.3 CALS 的目的

CALS 的最终目标是建立一个以数字化信息为中心的作业环境，结合产品相关供货商体系、产品需求与整合性产品数据库，达到产品从设计、开发、制造到后勤支持整个生命周期相关的信息得以交换、共享，以达到增进时效、降低费用、改善产品质量及其所支持的技术数据，借以提升产业的竞争力。

（1）增进时效。发展整合性数据库、工厂自动化及工业网络化，均有助于改善反应能力，并可通过建构一个整合、分享的环境，缩短产品在设计、发展、制造及维修方面所花费的时间。

（2）降低费用。在分段式的作业程序，例如研发、制造与后勤作业中，纸张的使用量降低，而改由正确性更佳、时效性与成本效益更高的数字化信息来取代，且相关数据可由多数的系统所共享，因而减少相关费用的支出。

（3）改善产品质量。通过整合性数据库的应用，可将产品设计与制造中所发生的错误减至最低。而且通过计算机辅助设计、制造工具，更可整体考虑生产、维护能力及可靠度。当数据库整合后，数据的一致性将可大幅提升。如此不但降低生产及维护技术文件（工程图）的成本，且生产过程中解决突发状况及训练技术人员所需的时间、费用也将大幅降低。使用数字信息来分析问题也比传统方式更快、方便且可靠。

5.1.4 CALS 的效益

1. 工程方面

（1）缩短新产品设计开发时间；

（2）缩短产品设计变更处理时间；

（3）减少概念设计成本；

（4）缩短产品上市时间。

2. 采购方面

（1）减少信息传送错误；

（2）缩短搜寻时间；

（3）缩短作业程序时间；

（4）减少文书作业成本。

3. 制造方面

（1）提高质量；

（2）缩短质量保证作业时间；

（3）降低库存。

4. 保养方面

（1）缩短文书作业内容变更时间；

（2）减少训练经费；

（3）减少训练时间；

（4）降低文书作业经费。

5.2 CALS 导入程序与步骤

5.2.1 CALS 导入程序

如图 5－2 所示。

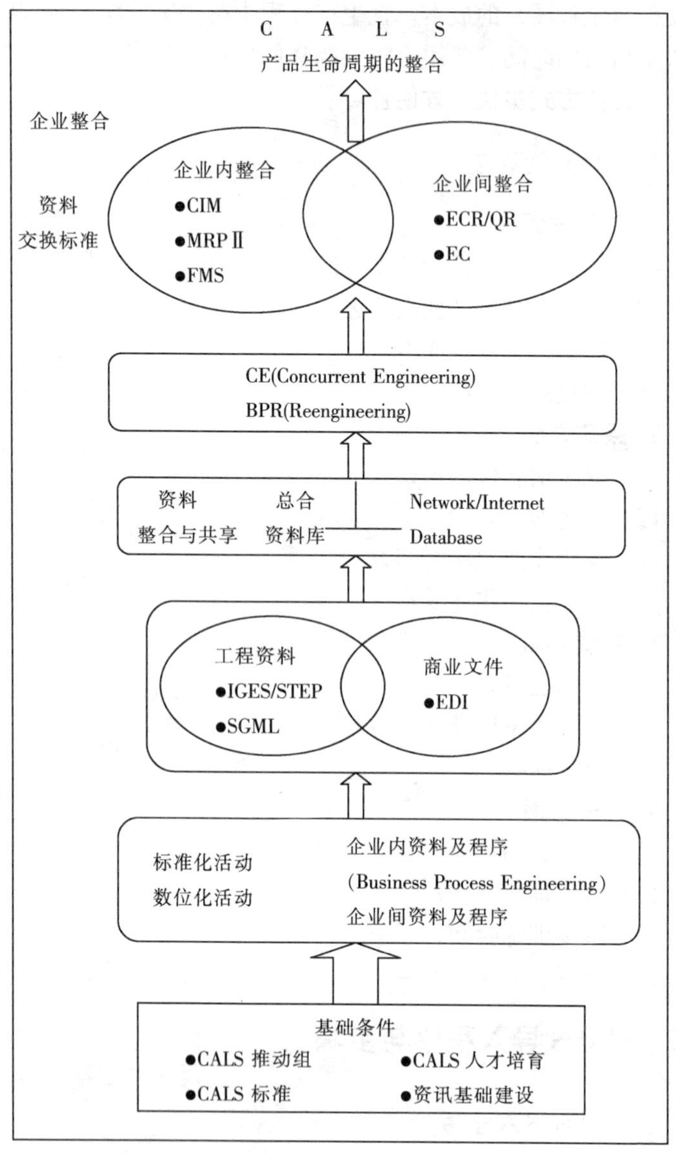

图 5－2　CALS 导入程序

5.2.2　企业导入 CALS 的步骤

如图 5－3 所示。

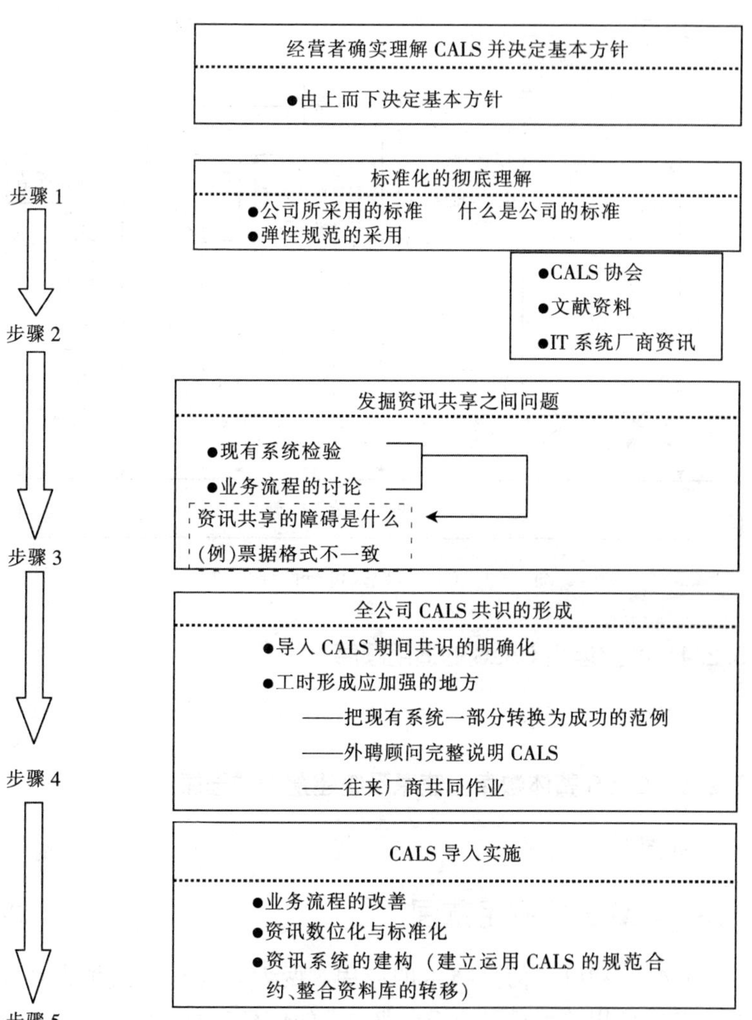

图 5－3　企业导入 CALS 的导入步骤

5.2.3 CALS 导入可行性评估要素

如图 5-4 所示。

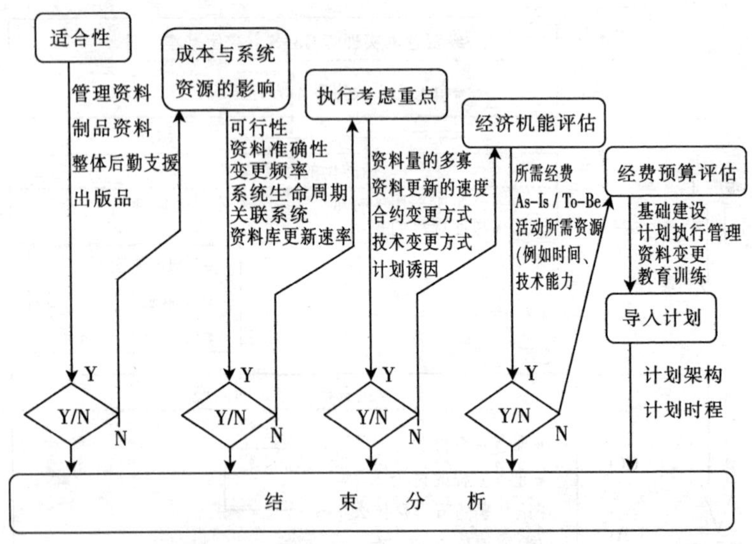

图 5-4 CALS 导入可行性评估要素

5.2.4 产业运用 CALS 的适用顺序

如图 5-5 所示。

5.2.5 CALS 整体数字化信息系统建置考虑程序

如图 5-6 所示。

5.3 CALS 的应用范围

CALS 和以往信息技术的应用，两者差异最大的地方在于 CALS 的应用并不只限定于企业内部的信息流通，而是考虑一个产品从需求、设计研发、制造到售后服务整个生命周期内的各项

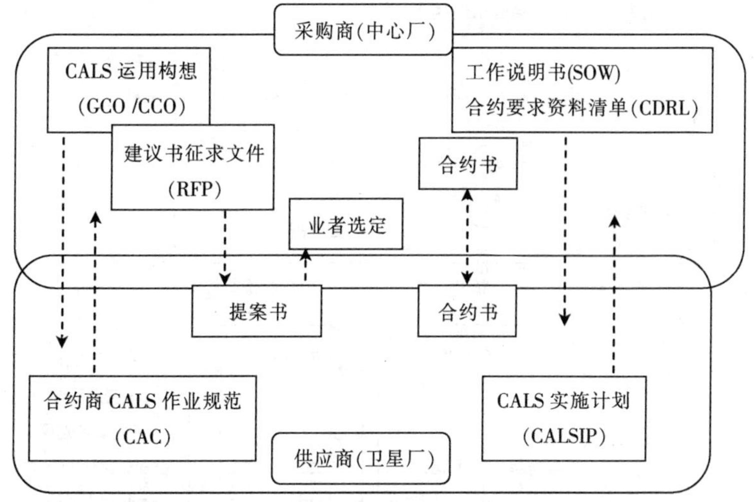

图 5－5 产业运用 CALS 的适用顺序

注：GCO/CCO：Government / Commercial Concepts of Operation；RFP：Reguest For Proposal；CAC：Contract Approach for CALS；SOW：Statement of Work；CALSIP：CALS Implementation；CDRL：Contract Data。

信息交换、运用，以及不同使用者之间的信息交换与运用。数据交换的内容除了一般文字文件外，还包括工程图、设计图及技术规范的应用。同时 CALS 应用范围包含技术文件管理、后勤支持管理、企业再造工程、产品数据管理及数据交换技术等，涵盖范围相当广泛，因此相关标准的制定是相当重要的。通过国际标准、企业再造工程及信息技术的应用，支持产品从设计、制造到使用，考虑整个产品生命周期中各阶段作业，运用同步工程的方法，建构一个由网络与整合数据库的数字化工作环境（Digital Working Environment），加速企业整合与电子商务的实现，借以提高产品质量、缩短生产时间及降低成本，使 CALS 成为提高企业竞争力的重要利器之一。CALS 五大应用范围如下（如图 5－7 所示）：

资讯类别
●产品资讯
●管理资讯
●标准与指令
●规范与手册
●ILS/LSA 资讯

资讯使用者
●规划管理
●工程设计
●供应商
●训练
●生产制造
●保养维修

资讯目的
●仅供阅览
●建议或注记
●更新与维护
●处理
●分配
●建档

资讯设施
●硬件
●软件
●资料库

交换资讯的类型
●组合资讯
●可处理资讯

资讯格式
●Document Image Files
●Text Files
●Graphics Files
●Alphanumic
●Audio/Vidio
●Integrated Data

交换标准
●Document Image Stds
●Text Stds
●Graphics Stds
●Application Unique/ Data Stds

交换媒介
●Hard Copies
●实物（磁带、磁片或光碟）
●X 线（CITIS）
●通讯（DISN、OSI、其他）

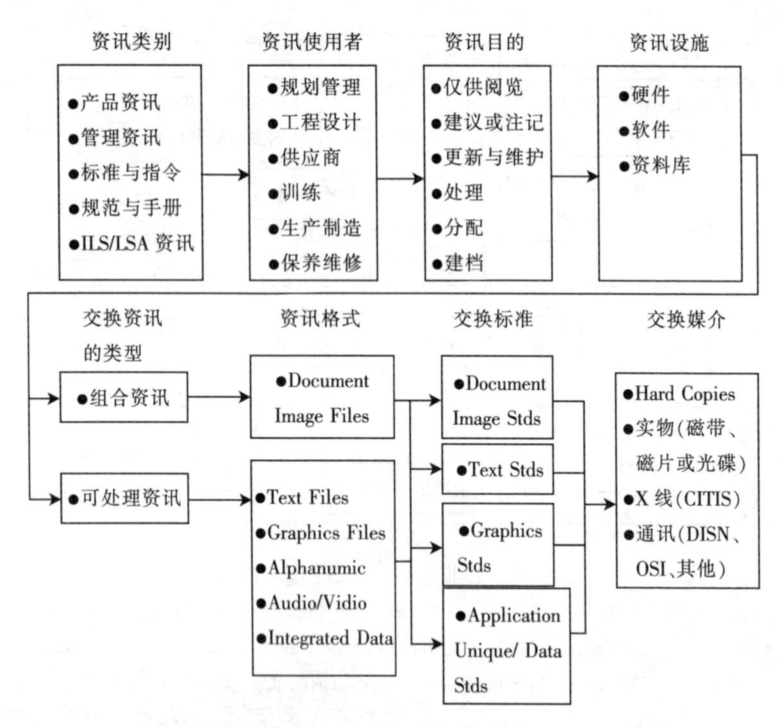

图 5-6　CALS 整体数字化信息系统建置考虑程序

5.3.1　技术文件管理

技术文件管理首重电子文件管理（Electronic Document Management，EDM），包含制作（Authoring）、显示（Presentation）及传输，需考虑其输出输入格式的规范以及电子文件档案格式的制定。CALS 制定了图文数据的制作及交换标准，除了加速多媒体文件的制作外，更是在交互式电子技术手册（Interactive Electronic Technical Manual，IETM）的发展运用上提供了产品维护的新途径。

5.3.2　后勤支持管理

CALS 定义统一的整体后勤支持（Integrated Logistic Sup-

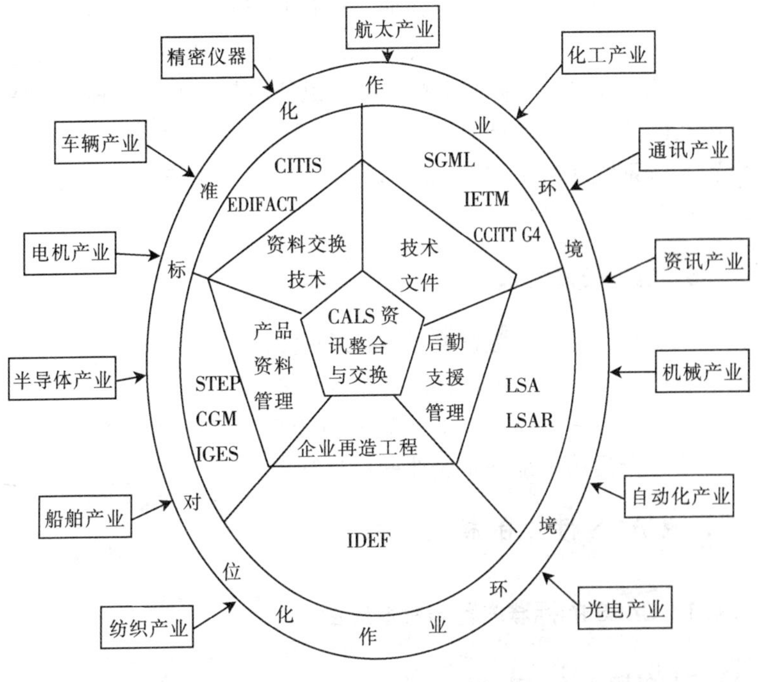

图 5-7 CALS的应用范围

port，ILS）数据元素与形式，通过后勤支持分析（Logistic Support Analysis，LSA）作业结果，产生标准的后勤支持分析记录（LSAR）数据，有效整合各种后勤支持技术相关数据，有利于资源共享，提升产品后勤支持能力。

5.3.3 企业再造工程

运用IDEF及EXPRESS方法分析企业作业环境，进行企业流程再造，借以改进组织架构与作业程序，建立有效率的系统及制度。

5.3.4 产品数据管理

运用同步工程及产品数据管理，从产品设计发展到使用阶段，整合设计、后勤工程等作业，透过数字化数据及整合产品数据库，将辅助设计工具 CAD、CAM、CAE 等系统纳入工作流程内。CALS 制定产品数据交换标准，以便在整个产品生命周期中使用共同的标准描述产品规格，让 CAD、CAM、CAE、CIM 及后勤支持系统间的工程数据能够跨平台、组织来使用，以落实同步工程并提升产品质量及效率。

5.3.5 数据交换技术

主要是使用电子数据交换（EDI）标准，EDI 及 CALS 是运用信息技术支持信息的交换及共享，EDI 较着重于大量、简单文件的交换及更新，而 CALS 则较着重于量少、复杂的文件交换。两者的整合运用则加强了企业的信息管理。

5.4 CALS 使用的标准

5.4.1 CALS 的标准内容与标准组织

如表 5－1 所示。

表 5－1 CALS 使用的标准

应用范围	标准名称			美国军方标准	内 容	标准化组织	备注
	ISO 标准	其他标准	检讨中的标准				
文件	SGML (8879)			MIL－M－28001	“标准通用标示语言”，即用一种国际通用文字数据标示加入文件内，以用来细分文件的内容，同时也是一种人机都能理解的表达方式	ISO（国际标准组织）	

（续）

应用范围		标准名称			美国军方标准	内 容	标准化组织	备注
		ISO标准	其他标准	检讨中的标准				
图形		CGM (8632. 1-4)			MIL-M-28003	一般图形点、线、面元素解释说明的标准	ISO	STEP已将IGES包含在内
			IGES		MIL-M-28000	在CAD/CAM内2D、3D设计图面的标准	ANSI（美国国家标准协会）	部分标准已经ISO确认公布
产品设计、制造（全面性）				STEP (ISO 10303)		STEP是一个能用来完整表达产品生命周期数据的中立结构，其完整性包含了档案交换、数据建构、产品数据库分享与存取的标准格式与方法，中立性则是其能保持原始数据的完整性与功能	ISO	
压缩技术	扫描信息		CCITT		MIL-M-28002	扫描器中光信息读取数据压缩标准	ITU	
	动态			MPEG1 MPEG2		动画数据压缩标准MPEG针对CD-ROM，MPEG-2针对数字化的画质电视	ISO、IEC	ISO与IEC联手推动
	静止			JPEG		静止昼面数据压缩标准	ISO、IEC	
	声音			G. 71X G. 72X		声音数据压缩标准	ITU	
	系统整合			MHEC		数据整合结构化的标准	ISO、IEC	

（续）

应用范围	标准名称			美国军方标准	内容	标准化组织	备注
	ISO标准	其他标准	检讨中的标准				
信息服务		CITIS		MIL-STD-974	将整合化后的发包信息，提供给合约厂商时的数据规格	美国国防部	
电子技术手册		IETM		MIL-M-87268	使用CD-ROM交谈式电子技令，以维修精密复杂设备作为维修教育训练和查询的工具	美国国防部	
电子数据交换（EDI）			EDIFACT		公司与公司之间将往来的业务数据以标准化的格式，在计算机与计算机之间以电子形态传送	ISO（EU）	美国与欧盟争取主导权
			ANSI 12			ANSI（美国）	
其他：数据库			SQL（ISO 9075）		数据库开发标准语言	ANSI	
其他：系统开发			SLCP		系统开发存取共同标准语言	ISO、IEC	
其他：CAD应用（电子产品）			VHDL		硬件（Hardware）规划语言	IEEE	
作业准则				DoDI 5000.2	CALS政策		
实施标准				MIL-HDBK-59B	CALS作业手册		

5.4.2 CALS 重要标准介绍

1. EDI 简介

EDI（Electric Data Interchange），中文称之为电子数据交换，它是指企业与企业间，彼此将往来的业务数据，运用计算机化系统及标准化的格式，将数据以电子通讯的方式传送于彼此的计算机之间。

2. SGML 的简介

国际标准组织（International Standard Organization，简称为 ISO）于 1986 年 10 月正式公布制定了一个文字交换的国际标准，称为“标准通用标示语言 ”（Standard Generalized Markup Language，简称为 SGML），其编号为 8879。

所谓标准（Standard）是指它是一个国际的标准；通用“Generalized”则代表它适用于所有的软硬件的环境；而标示（Markup）则表示它是加入文件内用来表示文件内容的文字数据。语言“Language”则是意味 SGML 是一种人机都能理解的表达方式。标准通用语言（SGML）的组成因子如图 5－8 所示。

3. STEP 简介

1983 年底国际标准组织（International Standard Organization－ISO）组成工业自动化系统技术委员会（TC184－Technical Committee 184 on Industrial Automation Systems）负责交换技术的研发、标准的制定及数字化产品数据的表示法。其研发成果即为 ISO－10303 国际产品模块数据交换标准——STEP（Standard for the Exchange of Product Model Data）。STEP 在设计时有下列三大重点目标：

（1）它是产品信息标准，而不仅是数据标准，且能与其他现有标准兼容；

（2）具备有效性验证（Independent of Computing Environment and implementation validity）且使用时与计算机环境无关；

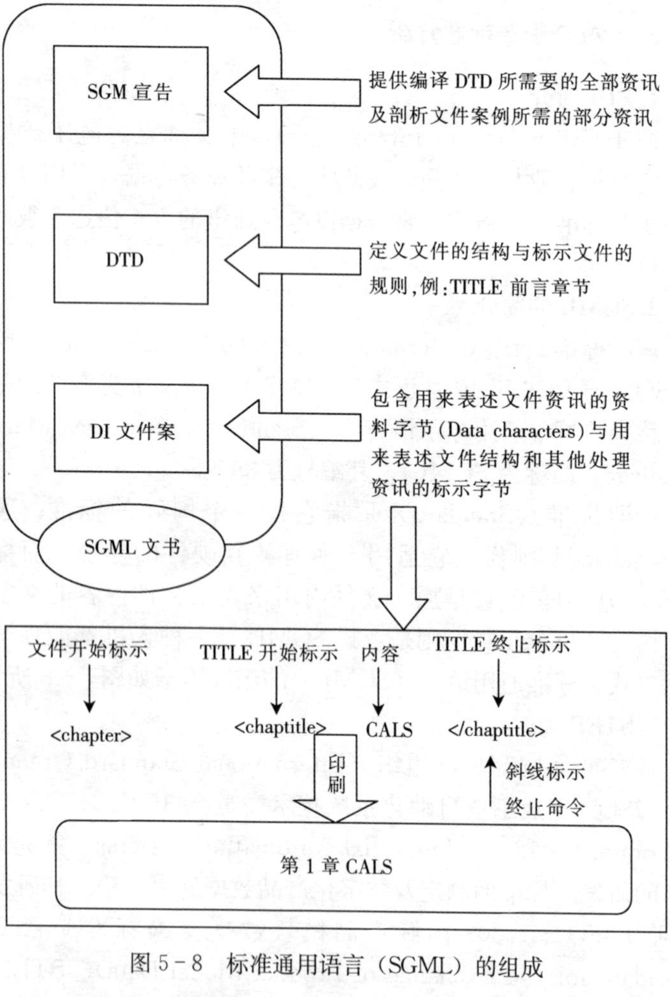

SGM 宣告

提供编译 DTD 所需要的全部资讯及剖析文件案例所需的部分资讯

DTD

定义文件的结构与标示文件的规则,例:TITLE 前言章节

DI 文件案

包含用来表述文件资讯的资料字节(Data characters)与用来表述文件结构和其他处理资讯的标示字节

SGML 文书

文件开始标示 → <chapter>

TITLE 开始标示 → <chaptitle>

内容 → CALS

TITLE 终止标示 → </chaptitle>

斜线标示终止命令

印刷

第 1 章 CALS

图 5-8　标准通用语言（SGML）的组成

（3）能描述产品数据与程序（Process）数据并能完全表示产品整体生命周期所涵盖的资料。

5.5　世界各国 CALS 推动状况

见表 5-2。

表 5-2 世界各国 CALS 推动状况

地区组织	国家	CALS政策	CALS机构	运用	CALS组织	ICC	UCIC	国防工业	航天	机械	电子
美洲	美国	√	√	√	CALS ISG	√			√	√	√
	加拿大	√	√	√	CALS ISG	√			√	√	√
欧洲	丹麦	E		√	组成中		√				
	法国	√	√	√	GIC FRANCE	√	√		√	√	√
	芬兰	E		√	组成中			√			
	德国	√	√	√	BDI CALS GROUP	√	√	√	√	√	√
	希腊			√	FIG CALS GROUP			√			
	意大利	√	√	√	GILCALS	√	√	√		√	
	挪威	√	√	√	NOR. DEF. GP			√			
	西班牙	E		E	GECALS			√			
	瑞典	√	√	√	SWEDCALS	√	√	√	√	√	√
	荷兰	√	√	√	PDI/CALS	√	√	√	√	√	√
	英国	√	√	√	UKCIC	√	√	√	√	√	√
亚太地区	澳洲	√	√	√	CALS AUSTRALIA	√		√	√	√	√
	日本	√	√	√	CIF	√			√	√	√
	韩国	√	√	√	CALS/EC	√			√	√	√
	新加坡			E							

注：①“E”逐渐形成中；②CAPA（CALS Pacific Asia）组织正筹组中；③此处政府 CALS 政策及组织在欧美及澳洲系指国防部；④ICC：International CALS Congress；⑤UCIC：UNICE CALS Industry Group。

5.6 CALS 未来发展趋势

见图 5-9。

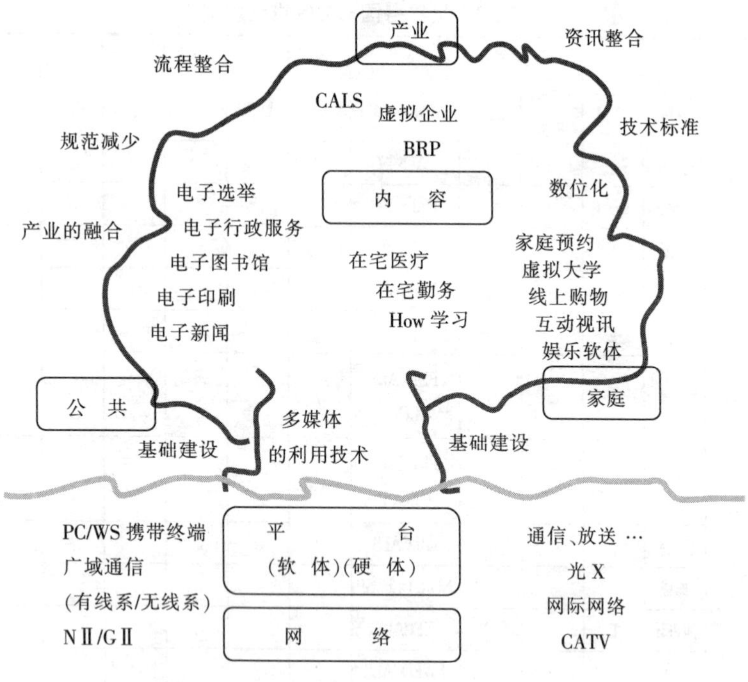

图 5-9　CALS 未来发展趋势

(1) 由于因特网已形成一种信息革命，透过网络应用 CALS 成为国际性标准可能性极高，不可不注意。

(2) CALS 应用正在推广且充满机会，由国防工业逐渐扩大至民间产业应用。

(3) STEP 产品数据交换标准，已成为研究的重点，进而可能在 ISO 9000，ISO 14000，ISO 18000 以后成为业界工程的标准。

6 制商整合的采购管理

——供应链管理

6.1 供应链概述

物流管理，对企业而言，就是企业之后勤支持，它包括实际供应、制造规划、控制、运输及配销系统的管理。它是基于规划与控制物料流程来管理配销与制造作业，并且充分利用系统资源来达到既定的服务水平，这些活动就是物流管理的主要内容。长期以来，商品由制造商流向消费者的过程中，由于中间商的介入，造成流通渠道漫长，且增加许多不必要的配送成本，加上消费者少量多样化的消费形态，以及零售市场多量少样的产品快速配送要求，传统的物流管理系统及组织结构，已无法满足目标顾客的需求。

随着信息科技的发展以及企业规模不断的扩大，营业项目日趋复杂，狭义的物流管理已不足以满足现代企业的需求，于是一个经由整合性、全方位观点所产生的供应链管理（Supply Chain Management）应运而生。它包括了工厂管理、仓储、批发、零售店及消费者之间五流（商流、物流、信息流、金流、人力流）的运作关系。供应链中的营运成本，又以物流过程为其最重要的环节，此一环节亦为专业物流业者眼中的物品储存、运输配送的增值服务过程。

所谓供应链（Supply Chain）就是指连接制造商、供货商、零售商和顾客所组合而成的一种产品或服务体系。例如，下游是最接近消费者的零售商；中游是批发商；上游是制造商，整个供应链的最终目的就是有效率地把产品从生产线送到顾客手中，来满足最末端消费者的需求，使得在供应链各层级的组成单位间能提供早期的需求变动让各单位及早得知需求变动的信息，并协调各层级间的企业流程而获得好处。

由上述可知整个供应链的基本概念，即是由采购至原物料的控制、生产、营销、到配销运筹管理的整个的模式操作，其归类如图 6－1。可依循不同的功能性与外部性划分为不同的阶段模式。

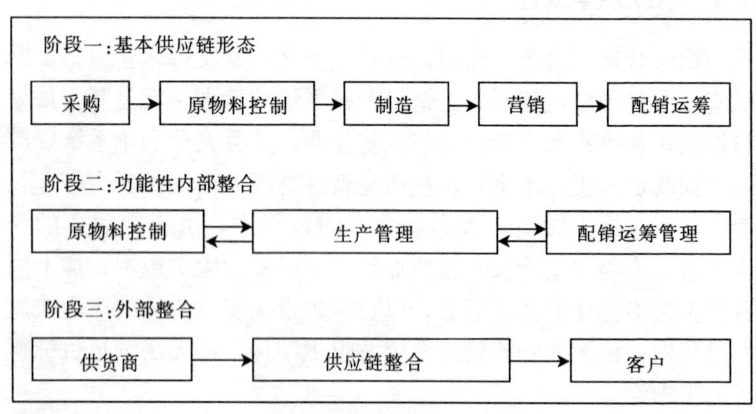

图 6－1　供应链模式类型

供应链管理是指产品从供货商到最终消费者间的物料规划及管理的整合方法。以渠道所有成员的利益为目标，在满足渠道顾客服务水平的前提下，基于一致性的共同规划与管理，使现有资源获得最充分的运用。所以供应链管理是从整体成员的角度出发，强调的是整合（Integration），而不是接口间的沟通（Interface）。将整个环节视为一个供应共同体（Supply Entity），并产生一致性与和谐性的策略及方针，同时对顾客需求与市场导向，产生共同性的使命与认知。

基本上，供应链管理涵盖自最终消费者回溯至起始点供货商的中间各种商业程序的整合，此程序可提供产品、服务及信息，并增加顾客及各层级单位的附加价值。供应链管理（Supply Chain Management，SCM）是物流管理领域中新兴的课题，其所涵盖的范围不但涉及企业的各阶层，亦涉及企业的外部管理。学者 Ploos van Amstel 曾以“pipeline management”的名称称之，其后 Christopher 将供应链管理的范畴定义为供货商经过制造过程与配销渠道而达于最终使用者的商业流动过程的管理。

近年来，由于受到产业环境快速变动、客户服务要求提升、时间压缩、产业全球化和公司间合作等影响，大型企业已逐渐形成与顾客、供货商以及其他的相关跨国组织间更密切的合作关系。基于整合型网络体系的形成，参与的企业可共享彼此的信息与能力，达成全渠道的成本效益，或以物流为基础来创造适应环境转变的竞争优势策略。

6.1.1 供应链管理的发展

供应链管理始于 20 世纪 70 年代。这个观念最早被应用在公司内部管理，当时是想改善制造流程以改进过去只以销售为主力的配销流程。在 20 世纪 80 年代，由于制造流程改善的成效使经营者体会到整合企业内部资源的重要性可以提高生产量、增加利润并降低成本，因而成为当时管理的典范；接着因为信息及网络技术的快速发展，促使供货商、制造商、零售商及顾客间的关系产生变化，导致供应链管理的理念产生。到了 20 世纪 90 年代，优良产品已是必备的条件，而将顾客所要的产品快速、正确地送达已是满足顾客需求的另一项服务重点。而为了满足新需求，供应链管理于是将供货商、制造商、零售商及顾客相结合，通过信息整合提升顾客服务质量、满足顾客需求及降低营运成本，如此的发展把管理的问题由企业内部延伸到企业与企业间的外部，因此供应链所强调是合伙关系，也就是供应链内企业间彼此的整合管理，由表 6－1 可清楚了解供应链发展阶段及其管理重点。

表 6-1 供应链管理演进历程

阶段	第一阶段	第二阶段	第三阶段	第四阶段
时间	20 世纪 60 年代前	1970—1980 年	1980—1990 年	1990—2000 年
管理重点	追求基层作业的效能	最佳化作业及顾客服务	注重物流策略及战术运用	着重供应链管理愿景及全球化目标
发展重点	以仓储管理和配送为主	以总成本管理为主	以整合性物流管理为主	强调供应链管理和整体绩效
组织设计	充分授权	集权管理	以物流功能为主设计组织	注重伙伴关系及发展虚拟组织

6.1.2 供应链管理的定义与目标

供应链管理相关的说法很多，Johnson 及 Wood（1996）对运筹与供应链管理方面的名词提出个别的定义，运筹（Logistics）指的是企业内部原物料、半成品及成品输入、处理到输出整体运作的流程；物料管理（material management）指的是原物料及零配件在企业内的流动；实体配送（physical distribution）指的是产品从生产线到终端消费者手中的全部过程。以下列示近十年来几位学者对供应链管理的定义（如表 6-2）：

表 6-2 近年供应链管理定义的整理

年份	学者	定义
1989	Stevens	供应链是将物料、零组件及成品从供货商到消费者手中一连串规划、协调与控制等活动
1991	Ellram	供应链管理是整合管理应用于从供货商到最终顾客的渠道计划及控制物料的整合方法，并以组成渠道所有成员的利益为导向，基于成员之间一致性的共同规划及管理，在满足渠道顾客服务水平的目标下，使现有信息做最有效的分配和利用，供应链形式应扩大到供应网络的结构

（续）

年份	学者	定　义
1992	Christopher	供应链管理涵盖供货商经由制造程序与配送渠道而达到最终消费者的商品流动过程的整个范畴
1994	Cooper	供应链管理的内涵在于：对原物料供给到商品配送等全体渠道成员的管理，不局限于单一企业中，亦即将物流渠道过程中所有成员视为一体，并以生产、配送及营销等活动作为制定决策的层次
1996	Johnson and Wood	供应链管理的意义在于企业与供应链中所有企业的整合，供货商、顾客、专业物流提供者分享必要信息与计划，使渠道更具效率及竞争力，这样的分享远较传统更精确及仔细地掌握信息，买卖双方的关系更趋紧密
	Kalakota and Whinston	供应链管理是概括生产订单、接受订单、完成订单、配送产品、服务或信息等合作关系的总称，供应链中的互相依赖性就产生了超越单一公司制造能力的事业网络，原物料供货商、销售渠道伙伴与顾客本身都是供应链的一分子
1997	Martha，Douglas and Janus	供应链管理范畴包含自最终使用者回溯至起始供货商之间各种商业程序的整合，此程序可提供产品、服务及信息并增加顾客及各层级单位的附加价值
1998	Dornier，Ernst，Fender and Kouvelis	供应链管理是一种把原料转变为中间产物和最终成品的内部运筹（Inbound Logistics），以及将产品基于适当渠道选择递送到最终消费者手中的外部运筹（Outbound Logistics）的整体性管理活动，过程当中包含采购、生产、后勤运输、销售等机能
	Ticoll and Lowy	将下游消费者的需求信息，经由零售商、制造商及时传送到上游供货商，使备料、生产、运输、配送等作业同步协调，将产品在最短时间内以最低成本送达消费者手上
1999	Ross	供应链管理是正在演进中的管理哲学，试图连接企业内部及外部结盟企业伙伴的集体资源，成为一种具有竞争力及大量客制化的供应系统，使其得以集中力量发展创新方法并让市场产品、服务与信息同步化，进而创造独特且个别化的顾客价值

资料来源：赖木涌（1997）。

综合以上学者的定义，可知供应链管理主要强调的重点在整合系统，来快速响应顾客需求，以达到有效控管成本与顾客满意。通过上述的内容可归纳出下列四点供应链管理所追求的目标：

（1）降低存货。基于供应链成员间的策略联盟与管理流程的设计，在满足顾客需求前提的下，有效地决定存货配置的地点、数量及时间，使得供应链整体存货压到最低，提高存货周转率。

（2）降低变异。在供应链的范围中，诸如消费者需求的变动、成员间信息传递的延迟、制造时程的拉长等变动因素，都将影响整个供应链的效率，进而影响对顾客的服务；在传统的处理上大多采用经验法预测或安全存量来降低变异所带来的冲击。然而这些方法都必须再付出额外的成本与风险，现在则可以基于快速发展的信息科技，以最经济的方式来降低变异的不确定性。

（3）要求高的质量。一直以来企业内部对于全面质量管理的要求都是非常重视的，同时在供应链管理中全面质量管理也占有极重要的地位，瑕疵品的退回修复再还给顾客，会造成供应链上所投入在此产品的成本（存货、运输……）大幅增加，也会造成顾客满意度的降低与商誉的损失，因此持续追求质量改善一直是所有企业的目标之一。

（4）快速反应与有效的顾客响应（Quick Response/Efficient Consumer Response）。快速反应与有效的顾客响应所强调的重点在于集合各项科学技术，以创造一个能快速满足顾客需求的企业合作环境，其目的是给予企业联盟（零售商与供货商）更大的执行效率与收益，以期快速反应并提供顾客最佳的服务。零售商所得的利益包括增加产品周转率及降低存货成本，而当供货商提供合乎需求的服务水平时，也应会降低成品量与总存货成本。

而整合的过程当中，因每个渠道成员各自的运作管理系统有所不同，所以需要流程改进甚至革新，以提高产品与服务质量及有效运用既有资源，以促进供应链的良性循环，避免长鞭效应

(Bullwhip Effect) 的产生，导致供应链成员彼此之间产生恶性循环。因此，供应链成员可通过企业流程再造、企业资源规划等来调整改善内部管理体系，而外部管理体系则需借助电子化及各种信息科技接口工具来提高信息传递、强化成员间的关系，使整体供应链效能获得最大的提升。

6.1.3 供应链管理的重要性

（1）企业获利关键。精确适当的供给管理、准确及时的需求预测以及密切供应环节配合是企业获利的关键。

（2）提升企业在当代商业环境的竞争优势。当代商业环境的特色包含全球化的经济趋势、产品销售渠道的改变、产品周期的缩短、消费意识的提升、企业组织的扁平化等。企业为适应如此的商业环境，只有实施良好的供应链管理，在每一环节做完美的配合，针对市场需求，提供适时适量适样的产品，来满足消费者的需求。

（3）信息网络的快速发展与应用，使供应环节的密切配合更为可行。信息科技的应用已是当代管理不可或缺的一种方式，尤其近年来网络的兴盛改变许多企业经营方式。以往上、中、下游供应环节的联络方式仅限电话、传真以及邮件，因此并无法有及时、密切的相互配合。而今由于网络技术的成熟，供应环节间可经由专线或因特网的联机方式，针对商流、金流、信息流等做资源共享与交换，使得供应环节的配合更为可行。

6.1.4 供应链管理的机能

（1）实时订单确认、实时产销协调。在制造业未来势将走向全球运筹的情况下，在海外的工厂、发货仓库可能有好几个，则需要单一的运筹中心，进行整体的产销信息管理与运作，才能每天迅速排定生产线排序，以及物料、产能的调度。

（2）生产需求规划。虽然需求很难掌握，但需求的产生有一定的模式，可以基于统计、历史数据、产品特性，预测需求规划，使生产过程与市场需求更接近，特别需要基于统计、分析，作生产需求的规划。

(3) 利润分析。利润的最佳化。过去工厂的财务分析都是出货之后，或月结、年结时才知道。不过，现今在全球产销分工下，市场的竞争更为激烈，制造厂商接订单时，到底每笔订单的利润如何？产品线从开始到结束的利润如何分布？都需实时分析利润，才不会做出亏损的报价。

(4) 渠道管理。当公司的渠道越多时，铺货的库存就越大。所以，要格外管理好库存、新旧产品的交替，并掌握市场对产品的反应、接受度，才能实时响应客户的要求，并减少库存。

(5) 企业资源规划（ERP）的整合能力。如果企业资源规划是经营的骨干或身体，则供应链就是支持决策的大脑，大脑没有身体是不能运作的，所以，供应链与企业资源规划的整合很重要。

6.1.5 供应链的竞争力

(1) 成员之间的合作行为将为整个物流程序带来风险降低，效率大幅改善的效益；并基于信息分享及策略性数据的分享，不仅能够满足物流的各种需求，更能有效率地结合整体供应链成员的竞争优势。

(2) 成员相互合作将消除浪费及重复性工作。在传统渠道中配置大量存货，形成渠道上成员很大的风险。基于信息的分享及联合规划将可消除或降低许多风险。

6.1.6 供应链环节

在探讨供应链整合时应将供应链的范畴定义在最初的供给源头到最终消费者，所以关注的不仅是物料的移动，并且涵盖供货商管理、采购、物料管理、制造管理、设施规划、顾客服务、运输及实体配送及信息流。而供应链管理包含下列各项环节：

（1）供货商选择。供货商选择的目的在于减少供货商的数量并使之成为企业缔造双赢关系的伙伴。而其效益表现为订单处理成本的降低、更少的员工处理增加的订单量、订单处理前置时间的减少。

（2）存货管理。存货管理可缩短订单、出货、收款的循环。当上下游厂商中多数都连上网络后，以往需要传真或邮寄的信息便可以立即送达。文件的去向还可以随时追踪，以确定送达，增加稽核的准确性。库存管理可有效减低库存的水平、增加存货回转率、避免缺货的窘境。

（3）配送管理。供应链的配送目的在于将出货相关的文件同时运送。以往常要花上数天时间处理的文书工作，现在可以立即送出，甚至资料精确度更高，因此资源计划得以做得更好。

（4）渠道管理。渠道管理可快速分送有关作业状况更改的信息给合作厂商。换言之，也就是过去需要不断电话沟通和花费无数工时的技术信息、产品数据和价格数据通知作业，现在只要张贴到电子布告栏上即可达到信息传达的目的。借此，上下游之间的网络相连可以为企业省下作业的时间。

（5）付款管理。供应链管理整合买卖双方，经由电子方式传送和接收来往款项。此程序增加了公司处理发票的速度、减少了行政疏失的几率、降低交易的成本、能处理更多数量的发票。

（6）销售效率化。通过供应链管理可改善销售人员、客户和生产部门之间的沟通，而销售部门、区域及总部的相互联结，可以充分分享利用市场情报，进而借以改善客户服务质量。企业需要快速收集市场信息并予以精确分析，利用关系营销的原理，将最适当的产品，以最适当的方式，销售给最适当的消费者。

（7）快捷的制造。消费者与制造商均重视质量与速度，而供应链管理可对供给环节做更妥善的安排，使各环节间得以整合，提供一个高弹性、高反应性的作业环境。所以，供应链管理可协助整个生产流程达到更快捷的制造。由此可知，供应链管理实际上包括与上游供货商的合作关系、物流管理、顾客回应等主要层面，而信息流则连贯此数种层面，成为整合供应链各项工作的关联。

6.2 供应链管理架构

由于信息科技发展的日新月异，造成传统企业间的商业行为模式从本质上被颠覆，使得全球运筹（研发、设计、生产、配销、服务的分工合作）成为不可避免的趋势，供应链的整合亦为未来所有企业必须接受的挑战。企业在导入供应链管理规划与实行的过程中必须有一定的方法与步骤。第一，企业必须要有健全的体制，在相关信息系统、作业流程、人力资源、管理制度甚至企业文化等主观条件充分支持下，方能在整体供应链体系中与其上下游企业完美搭配。第二，企业必须先整合其内部所有资源，建立有效益的运筹管理系统，才能进一步与上下游企业整合，发展出完整的供应链管理系统，建立一具有竞争优势的供应链环境。为了理清运筹链与供应链的不同，本书将引用 Cooper 所提出的供应链管理范围与关系做一说明，如图 6-2 所示。

Cooper 所提出的供应链管理系统可分为三大要素，分别是管理要素、企业流程要素与链接架构，分述如下：

6.2.1 管理要素

企业内部与企业之间运作流程所必须必备的管理元素包括：

（1）组织架构（Organization Structure）。主要为界定在整体供应链体系中，企业各自的组织架构及其流程整合程度。

（2）工作架构（Work Structure）。主要在说明供应链上每个企业所应该负责的工作（Task）与活动（Activities）。

（3）产品架构（Product Structure）。主要为管理与协调供应链体系中企业间的新产品研发事宜，基于各企业的研发与制造部

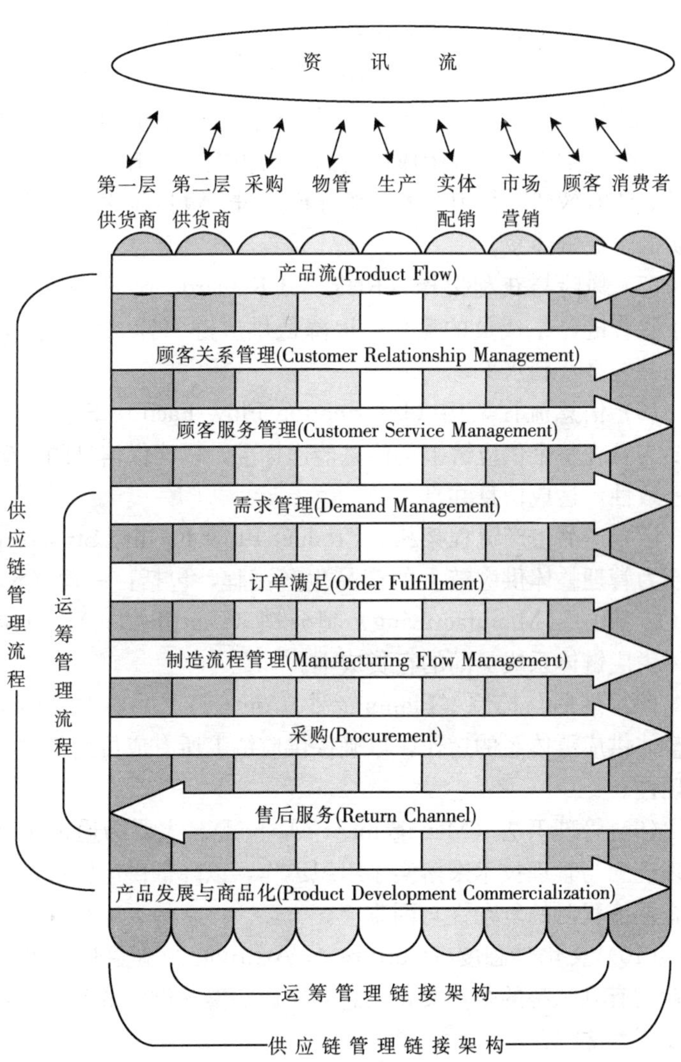

图 6-2 运筹管理与供应链管理系统架构比较

资料来源：Cooper (1997)。

门共同确认，使得新产品的材料及产品开发技术上可行，以求降低新产品生产的风险，并基于此种合作关系提高企业竞争优势。

(4) 权力与领导架构（Power & Leadership Structure）。主要为在建立供应链体系中企业内与企业间的权力分配及领导模式，以促进供应链体系中成员间的相辅相成、互惠其利；相反的若是无法有效建立权力分配及领导模式时，也只能建立一种有名无实的供应链体系。

(5) 风险与获利架构（Risk and Reward Structure）。主要基于供应链体系成员的运作，以降低供应链中各成员的营运风险，并提高获利水平。

(6) 信息流程架构（Information Flow Facility Structure）。主要为管理整个供应链上的信息传递标准，以确保信息的正确性与一致性，达成信息共享。

(7) 产品生产流程架构（Product Flow Facility Structure）。主要为管理整体供应链上的产品生产流程，包括：采购（Sourcing）、制造（Manufacturing）到分销（Distribution），以降低整体供应链体系成员间的存货成本。

(8) 规划与控制（Planning & Control）。主要为规划与控制整体供应链体系的运作，以确保供应链上所有成员运营方向的正确性。

(9) 管理手法（Management Method）。主要为通过正确的管理理念与管理技术来落实于组织运作，以降低供应链成员在整合企业流程时的复杂性与困难度。

(10) 文化与态度（Culture & Attitude）。在供应链的各个企业均有其独特的企业文化，它亦是影响整体供应链整合效益的重要因素之一。

6.2.2 企业流程要素

供应链的企业流程要素包含：

（1）采购流程。采购作业流程由请领作业、请购作业、采买作业与验收作业等组成。

（2）制造管理流程。针对制造生产过程中所需要使用到的资源做最适当的分配、整合与利用。

（3）产品流程。在制造过程中，从原材料、半成品到成品的收集、整理、检验与分配的程序。

（4）满足顾客需求的管理流程。分析企业销售情报后，引导企业考虑所需导入的新产品功能、样式为何？是否有导入的空间，产量为何？依此制订新产品的生产计划，使其成功率逐步提升。

（5）快速响应的顾客订单满足流程。在接获订单后能迅速调配可利用的生产资源，制造顾客所需要的产品，并在规定的时间内送交到顾客手上。

（6）产品发展与商品化的运作流程。针对新产品所需的研发经费、技术、作业提出相关可行性分析。

（7）顾客售后服务流程。针对产品交到顾客手中后，对顾客所反映的问题或抱怨做系统的处理。

（8）对顾客主动服务的管理流程：针对业务上往来的顾客提供后续的服务，例如，产品保养维护与产品使用情况追踪等。

（9）维持顾客与企业良好关系的管理流程。根据客户个别的购买行为，提供专为客户量身定做的人性化服务；主要应用的范畴为前台分析系统，此系统可帮助厂商确实了解客户的购买模式及习惯，强化营销与销售分析。

6.2.3 链接架构

供应链的链接架构包含：企业上下游管理流程的整合以及企业内部的采购、物料管理、生产制造、实体配销与市场营销等功能的相互紧密链接。例如，企业与其供货商间有采购流程的链接，与其下游消费者与顾客有配销流程的链接，如此环环相扣。

6.2.4 供应链作业参考模型

美国供应链协会（Supply Chain Council）于 1996 年开始筹备，并于 1997 年正式成立，创始会员有 69 家企业，横跨产业界与学术界等单位，主要的企业与机构有洛克希德马丁（Lockheed Martin）、康柏（Compaq Computer）、AMR（Advanced Manufacturing Research）、宝侨公司（Proctor & Gamble）、北方电讯（Nortel）、拜耳（Bayer）、德州仪器（Texas Instruments）等企业，目前会员已超过四百家。协会成立的宗旨乃是针对企业与其供货商及顾客间的策略课题，进行分析与作业效能的改善；在协会的主导之下，开发出可有效协助任何产业的分析工具，以协助企业进行供应链管理发展；供应链作业参考模型（Supply Chain Operations Reference Model），SCOR 模型的理论基础是将企业供应链活动放入 SCOR 模式中，使企业可了解其优劣势所在，亦可确认出改善供应链管理作业上的缺失，以下是 SCOR 模式最新版 4.0 示意图（图 6-3）：

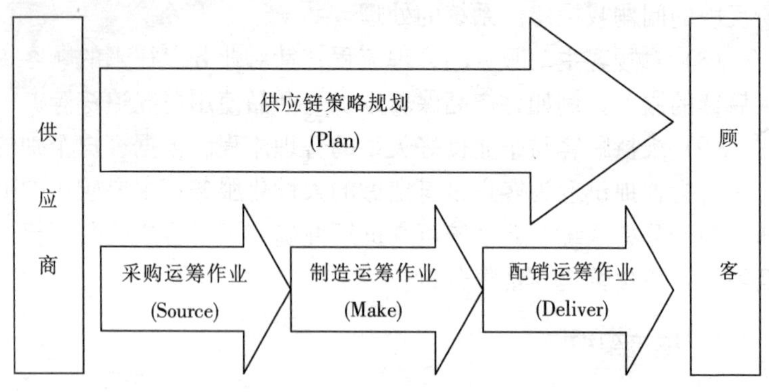

图 6-3　供应链作业参考模式（流程观点）

资料来源：美国供应链协会。

（1）供应链策略规划。策略规划模块主要有需求/供给规划

(Demand/Supply Planning) 与规划基础建设 (Infrastructure) 的管理两项活动，其目的是针对所有采购运筹流程、制造运筹流程与配销运筹流程进行规划与控制。需求/供给规划活动包含了评估企业整体产能与资源、总体需求规划以及针对产品与配销渠道，进行生产规划、物料及产能规划、存货规划与配销规划；而基础建设的管理包含供应链的架构设计、企业规划、长期产能与资源规划、制造或采购决策的制定、产品生命周期的决定、产品线管理以及产品报废管理等。

(2) 采购运筹作业。采购运筹模块有采购作业与采购基础建设的管理两项活动，其目的是描述一般采购作业与采购流程管理。采购作业包含寻找供货商、收料、进料品检、拒收与发料作业；采购基础建设的管理包含了供货商评估、采购合约管理、付款条件管理、采购零组件规格制定、采购运输管理、采购品管理等。

(3) 制造运筹作业。制造运筹模块有执行制造作业与制造基础建设的管理两项活动，其目的是描述制造生产作业与生产的管理流程。制造执行作业包含了领料、产品制造、产品测试与包装出货等；制造基础建设的管理包含了工程变更、现场排程制定、短期产能规划、生产状况掌握、生产质量管理与现场设备管理等。

(4) 配销运筹作业。配销运筹模块包含仓储管理、订单管理、运输管理与配送基础建设的管理等四项活动，其目的是描述销售 (Sales) 与配送 (Distribution) 的一般作业管理流程。仓储管理作业包含了拣料、按包装明细将产品入库、确认交货地点与货物运送流程；订单管理作业包含了接单、报价、授信、订单分配、顾客数据维护、产品价格数据维护、应收账款维护与开立发票等流程；运输管理作业包含进出口管理、货品安装事宜规划、产品输送方式安排、进行安装与产品测试 (例如销售大型机具给顾客，必须帮忙安装然后进行测试)；配送基础建设的管理包含销售管理法则的制定、配送存货管理、配送渠道的决策与配送质量的掌控。

从图 6－4 中可以看出供应链的组成个体，各有其采购、制造/生产及配销运筹作业以及相对应的运筹管理功能；而任何企业内、企业之间上下游的运筹作业及运筹管理功能均必须如链条般地环环相扣、紧密结合，才能降低整体运筹成本，提高顾客服务水平，共同创造竞争优势。

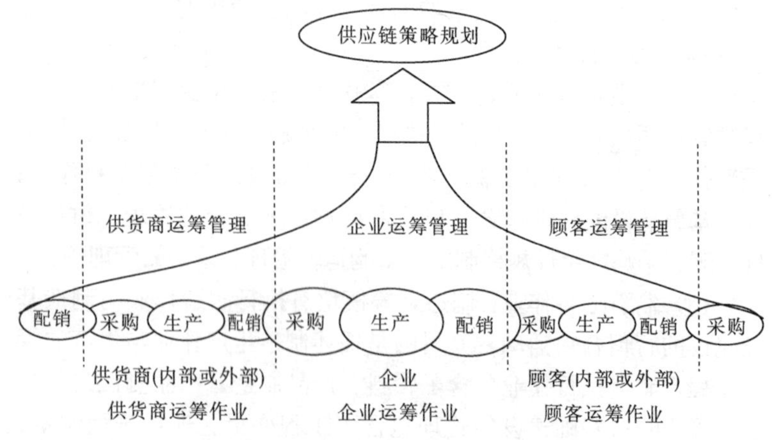

图 6－4　供应链作业参考模式（概念观点）

资料来源：美国供应链协会。

6.3　供应链的整合

6.3.1　渠道成员类型

1. 主要渠道成员

主要渠道成员是指拥有财货所有权并且贩卖营业的企业，一般分为制造商、供货商、批发商、零售商与消费者（最终产品使用者）。

2. 专业渠道成员

专业渠道成员是指以为主要渠道成员提供专业流通服务为目

的，并收取服务性费用，其风险性较少。专业渠道成员又分为专业物流与流通促进两类。

（1）专业物流成员是在商品流通过程中从事于移动、流通加工、实际搬运、处理产品等基本程序或是直接参与销售过程的服务公司。

（2）流通促进成员是提供必要的服务来促进渠道整体绩效的公司，他们并不从事渠道的物流或销售，只提供主要渠道成员及专业物流公司专业性的服务，例如：广告、保险、财务、营销等服务。

6.3.2 渠道供应链整合的类型

1. 主—主型整合

由主要渠道成员的其中一位成员开始去启动整合的作业，大部分为渠道中具标杆效果或较为有影响力的成员带领参与整合的渠道成员进行渠道整合的工作。

2. 主—专型整合

由于渠道技术的进步，许多传统的主要渠道成员面临了突破的困境，所以他们寻找专业物流公司或流通促进公司进行合作计划以改变目前的做法，希望通过他们的技术合作创造整合的新契机。

3. 专—主型整合

由于专业物流公司或流通促进公司的专业技术往往必须依赖规模经济的形成，所以需要寻找争取优良的主要渠道成员成为服务的对象，进行整体渠道的改善以形成综合效用，再利用因改善所创造出来的利润，合理地分配给各个参与整合的成员。

4. 专—专型整合

专业渠道成员之间有时候为了降低总成本、提供主要渠道成员更好的服务或是技术合作等提高竞争力的理由，互相寻求合作，所以形成专—专型的整合。

6.3.3 整合流通作业内容

供应链整合涉及的流通作业范畴，可细分成商流、物流、信息流、金流与人流等五个因素，表 6－3 说明各个因素的相关内容。

表 6－3 渠道供应链整合作业因素

流通作业因素	物流	商流	信息流	人流	金流
作业内容	（1）实体持有与流通	（1）物权拥有 （2）协商 （3）财物融资 （4）风险承担 （5）促销活动	（1）订单管理与处理 （2）情报与数据处理	（1）人事异动与安排 （2）人际沟通 （3）人员训练 （4）人事管理 （5）人员派遣	（1）付款作业 （2）收款作业

资料来源：苏雄义．供应链整合——观念性分析架构、整合程序与个案。

6.3.4 供应链关系结构的类型

1. 行政系统

在行政系统的合作参与者并没有正式的依存关系，而且公司之间是相互独立的。渠道中的领导者负起领导的责任，并寻找贸易伙伴及供货商的合作，希望借此创造渠道绩效。

2. 伙伴关系

在渠道上许多因为合作而互相了解其好处的公司需要较行政系统明确且长期的关系，于是便寻求与其他公司间的正式约束关系。在这些渠道关系的安排下，两个或两个以上的公司放弃一些作业上的自主权，以便共同追求特定的目标。

3. 联盟

联盟的特征是参与者愿意调整其商业活动，并且认为所有的商业活动能经由安排调整而获利，也愿意为合作伙伴做改变。联盟的动机是将所有的生意机会锁住，并且长期持续地获利。联盟的目标是结合参与公司的资源，以增进整体渠道的质量、竞争力及绩效。联盟成员间的合作，需要信息分享及问题解决的承诺，因此所期待的结果是所有参与者双赢的局面。

4. 契约系统

在联盟的绩效出现之后，许多公司希望能在正式契约规范内做生意，常见的有特许经销以及专业服务公司与其客户间的契约。许多公司希望经由正式契约的许诺带来稳定的渠道关系，通过契约来保障风险。

5. 合资

为了能更有效争取市场机会，由多家互相信任、基础稳固的供应链成员合资创造一个新的商业实体。合资是渠道关系模式中依存度最高的关系。

6.3.5 渠道整合的主要注意事项

（1）渠道成员的所有工作均得到有效协调。

（2）整合的目标：①改善效率；②提高竞争力。

（3）存货管理不再是各成员独自进行，而是全面合作进行。

（4）供应链合作工作中，物流作业占相当大的成分。

6.3.6 供应链关系成功的因素

1. 最佳组织间的关系

乃是真正的合伙关系，往往符合下列准则：①各具卓越能力；②合伙对各方均具重要性；③各方有彼此依存的需要；④各方彼此交互投资；⑤各方的信息合理的公开；⑥各方的作业有效整合；⑦各方关系机构化、正式化；⑧各方言行如一。

2. 零售商及制造商间的供应链关系的发展

（1）供应链关系成功因素（表 6－4）。

表 6-4　零售商及供货商关系成功因素

零售商	制造商
(1) 互相信任的合作	(1) 信息的共享
(2) 共同的目标	(2) 相互利益的认知
(3) 良好的沟通管道	(3) 有效率的推行
(4) 高阶管理者的支持	(4) 团队小组的合作
(5) 存货的控制	(5) 允诺/资源的投入
	(6) 利益的实现

(2) 形成供应链关系一般遭遇的障碍（表 6-5）。

表 6-5　零售商及供货商关系遭遇的障碍

零售商	制造商
(1) 抗拒制造商的改变	(1) 缺乏良好的沟通
(2) 信息系统的不兼容	(2) 不兼容系统信息
(3) 不兼容的信息格式	(3) 对技术问题的不了解
	(4) 抗拒顾客的改变
	(5) 零售商的准备程度

3. 成功的供应链关系不可能长久不变

管理者必须有心理准备，以在必要时解除关系或进行恢复。

7 制商整合的生产管理

——制造执行系统

7.1 绪论

计算机整合制造的阶层式控制架构（Hierarchical Control Architecture）大约可分成两层（Bob，1993）：①控制层，以采用自动化生产设备为主的工厂自动化；②企业层，以规划为主的管理信息系统，如 MRP、MRPⅡ与 ERP。通常控制层和企业层都是独立未连接的，即使有连接，也多半采用人工方式进行处理。例如，企业接到顾客所下的订单，先由企业层规划输出生产、排程等计划，然后交给制造现场，由其依据计划开始生产，现场人员再将生产过程所收集的各项数据，以人工方式将传回企业层进行分析。这样不但浪费时间，而且生产计划不能根据现场状况立即进行更新，常会导致生产力降低，也影响到企业整体的竞争力。如何有效地在企业层与控制层之间建立信息沟通桥梁，是一项非常重要的工作。于是有了制造执行系统（Manufacturing Execution System，MES），它扮演着监督现场、承接企业层的指令并居中协调、控制、监督控制层的各种生产设备，且迅速准确地将现场资料传回企业层。

7.1.1 制造执行系统的定义

MESA 的白皮书对制造执行系统（Manufacturing Execution Systems，MES）所下的定义是："制造执行系统所传递的信息使得从下单到成品的生产过程能够最佳化。生产活动在进行时，

MES使用及时、正确的数据，提供适当的导引、响应及报告。针对条件，改变灵敏，反应快速，目的在于减少无附加价值的活动，达到更有效的生产作业及流程。MES改善了设备的回收率、准时交货率、库存周转率、边际贡献率、现金流量绩效。MES提供企业与供货商之间双向沟通所需的生产信息。”

根据APICS的定义，制造执行系统是将加工现场中的各项信息，如原物料、半成品、成品、机器、时间、成本等，以动态实时的方式进行收集、整理，并追踪、管制目前进行中的各项制造作业的一种信息系统。制造执行系统负责规划与协调现场所有生产活动，并执行及监督由物料需求规划（MRP）系统所规划的制造活动，主要工作有实时监控与追踪在制品、现场的存货、机器动率与人员等资料，并进行各项制程统计分析，产生相关管理报表回馈给生产规划人员及现场监控人员。

7.1.2 MES发展简史

根据MESA International White Paper No. 5中得知，从20世纪60年代末期到70年代初期，由会计系统演变为物料需求规划（MRP），MRP系统在于协助工厂将物料的需求做好规划。在70年代末期到80年代初期，由于计算机处理数据的能力越来越强，MRP于是衍生成为MRPⅡ，而MRPⅡ包含了现场报表系统（Shop Floor Reporting System）、采购系统（Purchasing System）及其他相关功能。在此期间，许多公司开始认为他们需要更多其他的系统来管理更多事物，因为MRPⅡ在预测、需求分配管理及现场管理等方面的功能相当缺乏。为了弥补这些缺失，开始有所谓的预测、配销资源规划（Distributed Resource Planning，DRP）、MES（强调WIP追踪）及其他单一功能的相关系统出现，但这些系统无法完全整合，因此数据在系统间交换变得非常困难。到了80年代末期至90年代初期，这些系统开始尝试由扩大系统功能来解决“信息孤岛的问题”，于是MRPⅡ变成企业资源规划（Enterprise Resource Planning，ERP）、DRP 转变为供应链管理，而现场管理功能则变为整合性的 MES。但是到了 90 年代后期，由于各系统的功能不断扩大，使得传统制造系统之间的界线变得更模糊了，如 ERP 逐渐包含有现场管理功能。图 7－1 为 MES 的发展简史。

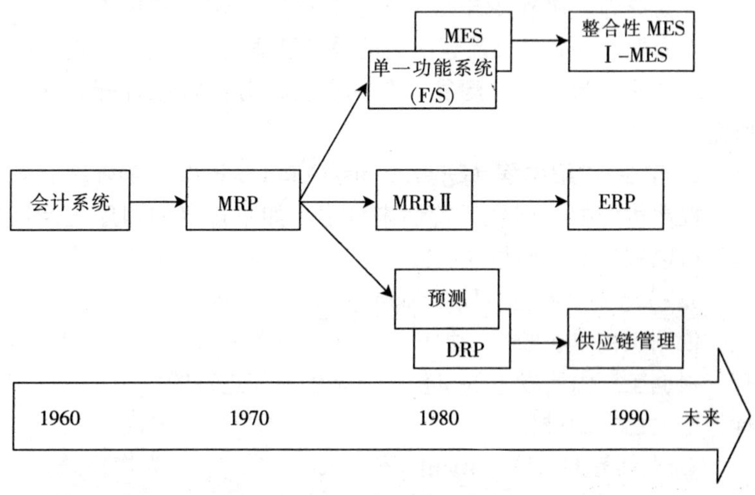

图 7－1　制造执行系统发展

资料来源：MESA. International White Paper No. 5，1997。

7.2　MES 的主要功能

Bauer 等人认为狭义 MES 的功能有：排程（Scheduler）、派工（Dispatcher）、监督（Monitor）、生产（Producer）及搬运（Mover）等五大功能。Melnyk 等人则认为狭义 MES 的功能包括：订单复核/发放（Order Review/Release）、细部排程（Detailed Scheduling）、数据收集/监督（Data Collection/Monitoring）、控制/回馈（Control/Feedback）以及订单处理（Order Disposition）。以上所提的部分都是早期定义在现场监控方面的

狭义 MES 部分，但现在的 MES 则强调整合性，除了提供企业层的功能外，也提供与企业层连接的接口，在 MESA 白皮书中认为 MES 包含的功能有：

1. 资源分配和状态（Resource Allocation and Status）

管理各项资源包括机器、工具、人员、原物料、其他设备和文件、物资等，使其在开始工作之前备齐。MES 提供资源的详细历史数据，并确保该流程所需的设备已适当的设置，同时还提供及时的状态数据。资源管理包括保留及分派资源以配合作业所需。

2. 作业/详细排程（Operations/Detail Scheduling）

根据优先权、属性、特性来排序，如果排定的顺序适当的话，可以减少设备调整的次数。

3. 分派生产单位（Dispatching Production Units）

依据工作单、顺序、批量、批次及制令来管理生产单位的流程，根据工厂内所发生的事件及时指示所需进行的作业，且能弹性地更改已定的排程。

4. 文件管制（Document Control）

维护及保存各项相关窗体或记录，包括工令、配方、图件、标准作业程序、工程变更等记录，MES 还提供数据给作业人员或是传送配方给控制器。

5. 资料收集/获得（Data Collection/Acquisition）

提供一个接口去获取处理中产品及参数的数据，而这些数据是实时从设备上手动或自动收集而来的。

6. 人事管理（Labor Management）

提供全体人员实时的状况资料，包括时间、出席报告及人员的行踪，而这将会影响最优化资源分配。

7. 质量管理（Quality Management）

提供在制造现场实时收集分析的数据来进行适当的质量管理，并提出解决问题的建议。

8. 制程管理（Process Management）

监控生产并自动修正或提供决策支持给操作人员进行修正或改善作业，包括作业间及特定机器设备的监督及控制，并追踪产品加工流程，也包括当产品超出容许误差时警告现场人员进行处理。

9. 维护管理（Maintenance Management）

追踪并指引设备和工具的维护，安排定期或预防保养，以确定在制造时设备、工具是可用的。当问题发生时产生警报或响应，并维护过去发生的事件或问题的资料，以帮助问题的诊断。

10. 产品追踪及历史记录（Product Tracking and Genealogy）

提供产品何时应在何处进行何种加工处理的各项信息，包括加工人员、原料供货商、批次、序号、目前生产条件及任何警告、重做或其他相关信息。在线追踪功能会将所有相关信息建立历史记录并维护。

11. 绩效分析（Performance Analysis）

提供实际制造情形、历史数据和预期状况三者比较的实时报告，包括资源利用率、资源可用性、产品周期等数据，也包括统计制程管制/统计质量管理。此功能可产生定期的报告及实时的绩效评估。

7.3 MES 的特色与优点

在 MESA 的白皮书中分为现场作业、生产规划与企业整体三方面来说明 MES 的特色与优点：

1. 现场作业

（1）减少制造周期；

（2）减少订单处理错误；

（3）减少设定时间；

（4）减少管理排程的时间；

(5) 减少前置时间;
(6) 减少库存;
(7) 减少转移之间的文件来往 (paperwork between shifts);
(8) 减少文件的遗失;
(9) 减少或消除数据输入时间;
(10) 减少原料浪费;
(11) 减少程序错误;
(12) 增加生产能力 (设备使用率);
(13) 减少 WIP;
(14) 减少完成品与原物料的库存;
(15) 授权现场人员;
(16) 减少操作上及其他成本。

2. 生产规划

(17) 快速满足顾客订单;
(18) 允许弹性响应顾客需求;
(19) 允许使用者构建模拟;
(20) 促成快速制造;
(21) 满足管理/服从 (Regulatory/Compliance) 需求。

3. 企业整体

(22) 快速的投资报酬;
(23) 改善对顾客的服务。

MES 最大的特色与优点在于其能够提供正确实时的资料来改善决策过程,使决策的结果可以改善对顾客的服务和减少制造周期。

7.4 MES 的架构

MES 的架构关系着整个工厂的所有系统是否能够以最简单有效的方式来连接并促使信息达到共享的目的,以下为 deSpautz 建议的使用架构 (Joe, 1994):

1. 关联式数据库（Rational Database）

MES的最大特色就是数据库，因为它记录着整厂的生产信息，包括：统计品管分析、设备和人力追踪（Labor Tracking）、物料追踪（Material Tracking）、实验室数据（Laboratory Data）、制程数据（Process Data）、工厂文件（Plant Document）等。这些信息可提供给各部门做成报表，进行分析，然而制作报表或进行分析的工具往往与MES不属同一系统。要想提供简单快速且能跨平台存取功能的数据库类别，非关联式数据库莫属。

2. 图形使用者接口（Graphical User Interface，GUI）

图形使用者接口的应用，能提供给使用者一个容易使用的环境。

3. 开放式系统架构（Open System Architecture）

在开放式系统下才能不受计算机厂商的技术牵绊，而且能使企业内的新、旧计算机技术实现兼容。开放式系统提供了标准的接口、跨平台的应用程序，且数据可跨平台交换。

4. 主从架构（Client/Server Architecture）

这种架构比大型主机架构更节省成本。

5. 系统订做工具（System Customization Tools）

每一个企业对MES的功能要求情况各有不同，MES厂商除了提供标准的功能模块外，还需提供一套良好的订做工具，根据客户的个别需要，快速符合顾客需求。

6. 整合性工具（Integration Tools）

企业内可能存在许多系统，如分布式控制系统（Distributed Control System）、工厂支持系统（Plant Support System）、MRPⅡ与ERP，MES必须提供接口来连接这些系统，使数据能够互通。

7.5 MES模块功能

MES主要是承接生产规划系统所规划的蓝本，在制造过程中对加工对象作严密的监视与控制，并能保证产品质量与交期，将制造过程产生的数据迅速回馈给生产规划系统，使生产规划系统与MES之间有双向信息的交流。MES主要应用于制造执行的控管，制造上所需的数据大多是实时的，且必须在极短的时间内做出指令决策，并执行所下达的制造指令，所以根据此原则，可将MES分成12大模块来说明，如图7-2所示：①作业样板定义模块；②WIP追踪模块；③设备管理模块；④数据传输模块；⑤接口模块；⑥质量控制模块；⑦文件管理模块；⑧配方管理模块；⑨自动化模块；⑩报表模块；⑪印表模块；⑫安全模块。

1. 作业样板定义模块（Operation Template Definition Module，DTDM）

作业样板定义是MES最基本的功能，要能详细定义产品的制程，使其他的模块能以此模块所产生的数据为基础来严密监控所有与制造相关的单位（lot或设备等）。

2. WIP追踪模块（Work In Process Tracking Module，WIPTM）

此模块主要目的是在能够持续追踪lot（从投料到完成品之间），并在追踪过程中根据样板的定义来记录lot相关数据。

3. 设备管理模块（Equipment Tracking Module，ETM）

此模块的功能用于定义厂内所有与制造相关的设备（如在MES中设定设备名称、设备所在区域、设备能力与设备限制等），然后统一管理所有设备（包含设备预防保养等），并持续追踪与生产相关的设备工具（如机台、运输设备等），记录设备工具所有的状态变化，透过这些设备状态历史性的数据分析，来了解机器设备的使用状况，使设备利用率达到最佳。

4. 数据传输模块（Data Transport Module，DTM）

此模块主要是将MES数据库中的数据以实时或批次的方式传送至系统外部，提供他用（如数据仓储）。

5. 接口模块

工厂内可能存在许多系统（如MRP、MRPⅡ与ERP等），

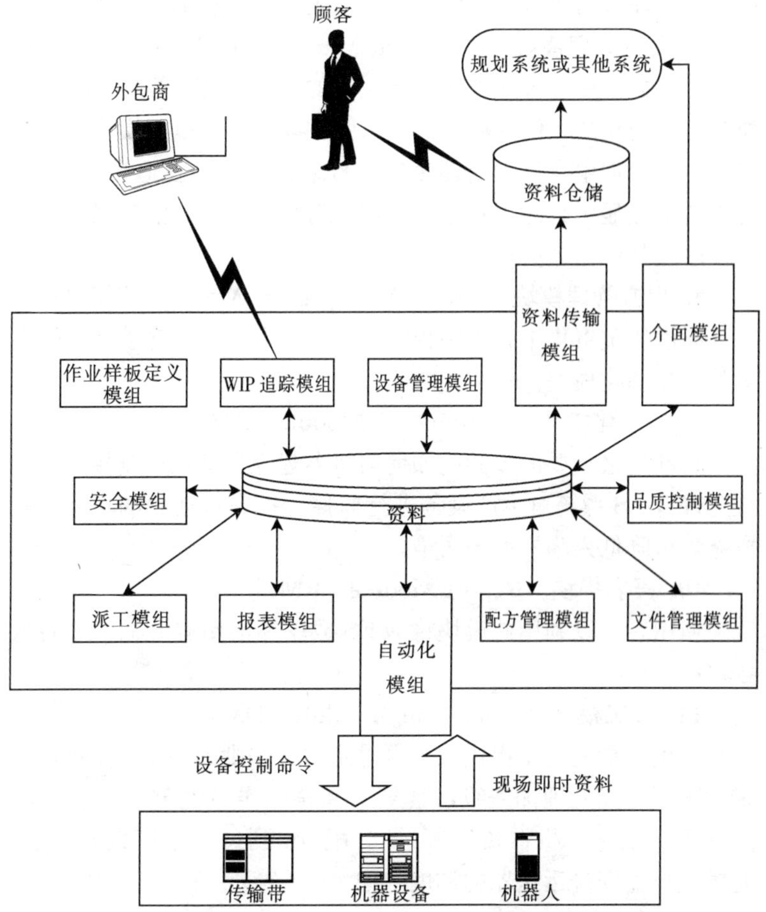

图 7-2　MES 之 12 大模组

当这些系统与 MES 需互用彼此的功能，或是修改/扩展 MES 本身的功能以符合所需时，都必须借助此模块所提供的工具。

6. 质量控制模块（Quality Control Module，QCM）

此模块是对产品质量作严密的监控。客户除了想知道自己产品在工厂内的状态外，对于自己的产品质量也非常关心，所以生产者必须提供高质量的制作过程，以满足顾客需求。

7. 文件管理模块（Document Management Module，DMM）

文件的作用是告知现场人员正确的制造、维修等处理程序或作为提示的功能，使工厂成为无纸张的环境，所以此模块的功能在于集中管理生产过程所使用的文件，使文件能在适当的时间、适当的地点显示给适当对象，其内容有作业程序、清洗程序、安全程序或其他指令信息等。

8. 配方管理模块（Recipe Management Module，RMM）

此模块负责集中管理制程配方文件与参数，并自动下载配方参数至自动化模块。

9. 自动化模块（Automation Module，AM）

自动化最重要的步骤是如何与机器建立自动化控制接口，并且允许 MES 系统对生产设备进行监控。提高自动化的程度，就意味着可降低人为失误与污染。

10. 报表模块（Report Module，RM）

使用者可以利用此模块将 MES 数据库的历史数据做成各式各样的报表。

11. 派工模块（Dispatching Module，DM）

此模块功能在于提供一个可设定派工法则的环境，根据所设定的限制（如处理优先级，紧急工单等），再考虑现场的实际状况（WIP 数量、机器负载等），分配 lot 到每一生产设备单位，此模块也能安排运送器的调度（如 AGV 等），使生产顺畅。

12. 安全模块（Security Module，SM）

此模块的责任在于控管系统的安全。

MES 可以说是工厂作业的控制系统，因其记录整厂所有与生产相关的信息，在产品从订单到完成品之间的过程中，其扮演一个信息传送者的角色，而这角色的主要目的是促进生产的最佳化。当事件发生时，MES 借助所收集到的实时信息做出最佳的反应。对事件做出快速反应的主要目的是为了减少无附加价值的动作，促使工厂达到有效率的生产状态。故 MES 能够：①提高生产作业效率；②整合数据库系统软件，以辅助人员、支持作业程序，并保证作业人员能适时取得所需要的足够资源。

MES 的功能从单纯的加工对象追踪，到对加工过程质量的控制、生产的自动化与产品生产周期的控制，等等，所以 MES 并无一确切的功能范围，应根据工厂的个别需求增减适用的功能，否则，过多的功能对工厂来说反而是一个负担。但 MES 也并非可无限制地扩充功能，其功能应与 ERP 或 MRP 等系统有所区别，MES 应着重于规划的执行与执行后的监控，所以其所需的数据大多应属于工厂生产相关实时性的资料。

8 制商整合的物流管理

——物流中心与配送管理

我国在1998年引进“物流”这个观念，并开始使用“物流”这个名词，当时，日本文摘在SOGO百货举办物流研讨会，首次提及“物流”这个名词。

在商业现代化过程中，为了降低物流成本、支持物流服务所，物流中心快速崛起，最主要因素归为以下三点：①因零售商店连锁化经营及零库存的需求，造成原有物流体系在搭配上产生极大的成本及效率压力，因而衍生出支持连锁零售系统的大型物流系统。②少量多样的商品配送需求，需要完整的储存及拣货配送系统。③在加入世界贸易组织的趋势下，商业组织所需处理的外来商品越来越多，所以需要一个专业物流中心来帮助业者做最有效率的配送。因此物流中心的存在价值在于降低整体流通成本并且创造顾客服务价值。

8.1 物流中心的定义

物流中心在实体上虽为一有形的建筑物，它除具备仓储与保管的功能外，实际上它还能同时结合物流据点网络化及物流情报网络化。如果我们将物流分成四个阶段，分别为原材物流、生产物流、销售物流以及废弃物物流。“物流中心”可定义为：针对销售物流，使该项活动能有效处理而设置；故凡从事将商品由制造商或进口商送至零售商中间的流通者，连接上游制造业至下由消费者，满足“多样少量的市场需求”，“缩短流通通路”，即“降低流通成本”等关键性机能的厂商，即可称之为“物流中心”。具有现代化经营理念的物流中心，除了传统的采购、储存、流通加工、配送外，还包括了收账、商情搜集、顾客服务等工作。

8.2 物流中心的种类

一般而言，物流中心可依据下列几项原则来进行分类：根据成立来源的性质、物流作业形态、服务对象、配销通路结构等加以分类。我们现在就大众最广为接受的分法简述说明。目前物流中心大致上可分为以下六类：

（1）由制造商所成立的物流中心——M. D. C（Distribution center built by Maker）。近年来，通路结构发生了重大改变，以往多层次的批发管道已逐渐转变为直营，制造商为了有效掌握通路，并避免配销业务受制于其他业者，造成通路系统沟通阻碍，结合制造商本身的配销网络与零售通路，成立了专为配销自家产品的物流中心，负责商品的直接配送，达到掌握通路的控制权以及降低配销成本的目的。

（2）由批发商或代理商所成立的物流中心——W. D. C（Distribution Center built by Wholesaler）。由于 W. D. C 的发展迅速，已严重威胁到传统中游批发业者的生存，因此各个批发商或代理商纷纷往大型化发展，基于策略联盟的方式扩大经营规模，形成一套有效率的配送系统，以适应各种经营形态的零售商。

（3）由货运公司成立的物流中心——T. D. C（Transporting Distribution Center）。基本上，货运公司所成立的物流中心，初期都是以货品转运业务为主，后期随着经营规模的扩大，其业务范围也由单纯的货品转运演变为共同配送中心，此方面的业者有由货运公司转型而成的，也有由许多小型货运业者集资而成的。

（4）由零售商向上整合所成立的物流公司——Re. D. C.

(Distribution Center by Retailer)。Re. D. C. 是由下游通路向上整合而成的，与向下整合而成的 M. D. C. 是属于截然不同的形态，且 M. D. C. 所服务的对象并不只限于制造商关系企业内部的顾客而已，同时也提供其他企业相关服务。而 Re. D. C. 由于是下游通路向上整合而成的，多是由连锁体系发展而来，为了满足各连锁商店少样多量的配送服务，故服务对象只限于该零售体系，属于专用型的物流中心。

（5）具有处理特殊货品能力的物流中心——P. D. C.（Processing Distribution Center）。为了满足日渐多样化的商品运输，且符合顾客的质量要求，如生鲜食品的新鲜度要求，具有专业处理能力的物流中心满足了这方面的需求。

（6）由直销商或通讯贩卖业者所成立的物流中心——C. D. C.（Distribution Center built by Catalog saler）。由于此类型皆是直接将商品运送到消费者手中，故需具有处理少样多样商品的能力，且需要有商品重新包装加工的能力。

8.3 物流中心的功效

最近几年来，企业界对物流中心所带来的利基感到相当满意，故大多数企业显得有走向物流中心而渐渐离弃传统物流方式的趋势。这是因为物流中心具有下列几项功效：

1. 集中处理，提高物流作业效率

物流中心对货物的处理方式与传统流通型态相比，其差异相当大。就先以配送效率这一点来说，前者就较后者有规模经济。以图 8-1 来说明，传统流通型态倾向许多厂商对多批发商、多批发商对多零售业，货物由厂商到零售商期间所需耗费的配送成本（假设每趟配送成本相同下）当然较物流中心统一配送来的多。不但如此，物流中心因为规模的扩大，也比较具有能力投资自动化设施、信息化，以进一步改善在作业上的效率。

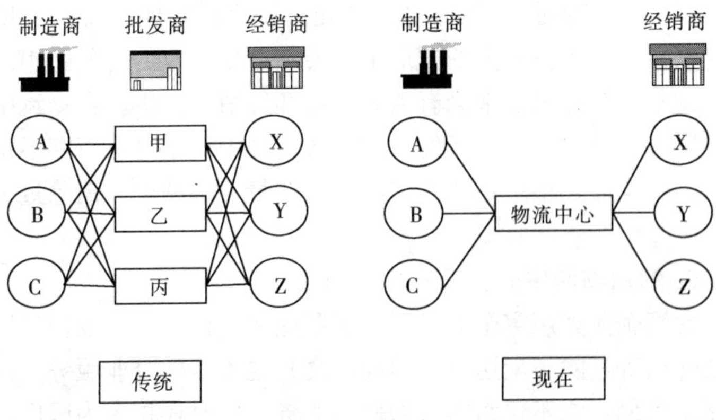

图 8-1　传统流通与物流中心流通比较

资料来源：陈泰明，孔宪礼．物流中心的规划设计．物流经营管理实务。

2. 专业分工，提升企业经营绩效

原先批发或经销体系的人员需要处理物流事务又要处理商流事务，难免会有漏网的鱼，无法将双物流兼顾，现在由物流中心来接管物流事务，以专业化的物流技术，迅速交货来达到顾客满意；并且可使前者专注于营销，销售量可以提升，如此一来，企业经营绩效自然得到提高。

3. 掌握通路，提高企业的竞争优势

“物流”基于物流中心的建立，可自行掌握通路体系，如此企业对通路便自然掌控了某一程度的影响。企业可经由其对物流通路特性的掌握，进而缩短流通体系的流通通路，并减少通路上的层层剥削，以降低浪费，我们称这种现象为“流通扁平化”。通路缩短的好处不仅加惠于消费大众的身上，相对地也提高了企业的竞争优势。拥有现代化的物流中心，也就拥有了优秀的配销能力，比较容易得到经销权或代理权。

4. 降低库存，减少资金积压

以往的流通体系，物品是基于各地的经销商作为传递媒介，也因为这种原因，经销商为了确保有足够的存货以供需求，允许积压“安全库存量”，虽然可以防止万一之需，但在每一品项积压数量累加、积少成多的情形下，容易造成企业的财务负担。此外，这些安全存量也常会有遗失、损坏等情形发生。在物流中心成立后，提供了迅速补货的功能，各地经销商不再有库存不足的顾忌，安全库存集中在物流中心，安全量大幅减少，消除过去因积压库存所产生的弊端。

5. 利用物流中心，建立合作网络

台湾企业如声宝企业投资的东源储运、桂冠实业投资的世达低温配送等，除了配送自己的商品之外也为其他企业服务。以东源储运为例，它不仅为本身做储运服务，同时还扩大为国内进口家电代理商服务，这种结合自己及别人专长形成事业网络的做法，即是现在相当热门的“策略联盟”。

8.4 物流中心的操作系统

物流中心的运作要能顺畅，必须具备正确有效率的作业方法予以配合，若只具有先进的机械设备、智能化的物流系统，但却不是有效率的作业方法，就如同眼前一桌美食却没有牙齿一样，不能达到最佳的口感，所以在物流中心建构一个高效率的作业流程是很重要的。在此节我们将一一介绍物流中心的内部作业方法。

如图 8-2，货物在经由货车送达至卸货码头开始，便展开一连串在物流中心的活动。首先是“进货”作业，经过确认无误后，货物接着就被“储存”入库，在仓库内统一管理，之后，管理人员为了确保货物的完整性，举行定期或不定期的“盘点”检查。在接收到客户的订单后，首要做“订单处理”工作，而后再将订单作业程序转换成拣货单，以进行“拣货”。若在拣货期间发现有货物短缺的状况，此时需要马上予以“补货”，以供仓库拣货需求。最后等一切内部作业就绪后，接下来的作业就是“出货”及“配送”，当然，在这些作业中间，免不了为了物品的流动而衍生出“搬运”作业，以下我们便针对这九项作业作一简述。

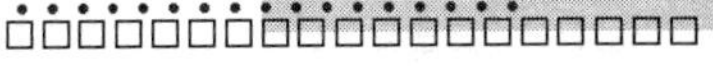

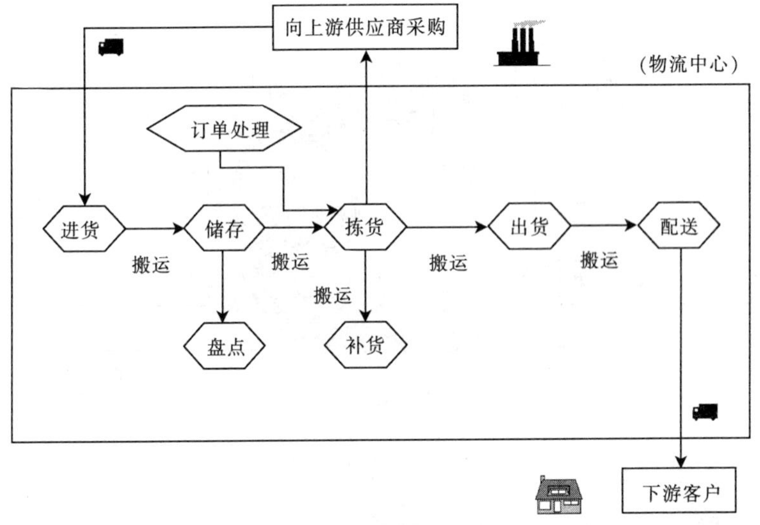

图 8－2　物流中心作业流程图

资料来源：陈慧娟．物流中心操作系统。

1. 进货

进货作业包含的范围有：货品到达码头时的实体领收、从货车上将货品卸下、核对并检查货物的数量品项是否无误，必要时将进货信息予以档案书面化。一般物流中心的进货流程如图8－3所示。

2. 搬运

所谓搬运是指商品，不管加工后还是半成品、原料，以在平面或垂直方向提起、放下或移动，使货物能为了运送或重新摆放的不同目的，适时、适量将物品移送至适当的位置存放。为何需要有搬运作业？搬运作业的目的是什么？以下整理其主要目的如下：

（1）提高生产力。有顺畅的搬运系统，可以消除瓶颈以维持及确保生产水平，使人力资源的利用能达到最好的效用，设备也

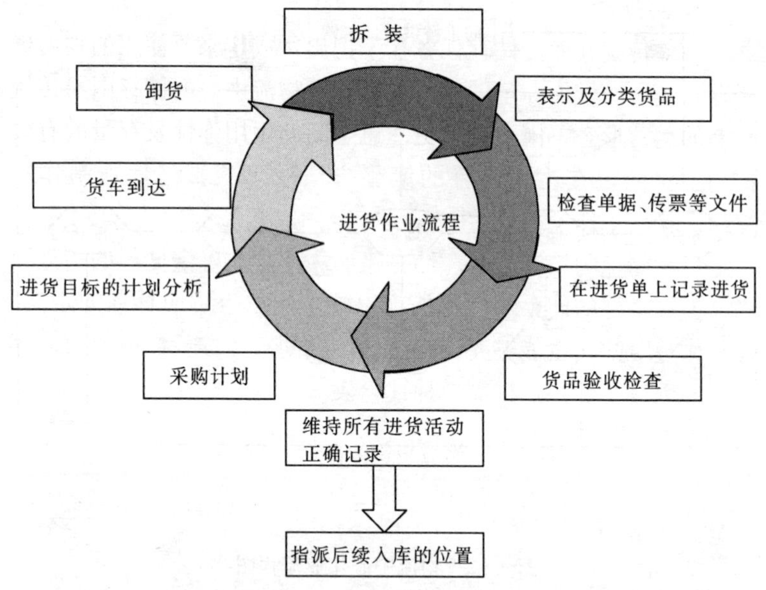

图 8-3 一般进货主要流程图

资料来源：陈慧娟．物流中心操作系统。

能减少闲置。

（2）降低搬运成本。企图减少单位劳工及货品的搬运成本，并且减少延迟、损耗及浪费。

（3）提高库存周转率，以降低存货成本。减少搬动次数及距离，做最有效率的搬运，增加货物移动速度，使得存货成本及相关成本得以降低。

（4）提高产品质量。良好的搬运管理，可使得货品在搬运过程中损耗减少，减少客户抱怨，使产品质量提升。

（5）促进配销成效。查看系统的效率，是否能缩短产品总配销时间，提高顾客服务水平，搬运效率是否良好便是一大因素。如能使得搬运良好，不但前者的目的能达到，并且也能提高土地劳动生产力，对公司营运成效帮助颇大。

3. 储存

一般传统仓库的储存任务在于把出货或将来要使用的物料做保存，经常性做库存量的检核控制，而物流中心的储存因与传统仓储的运营形态不同，必须更注意空间的运用弹性及存量的有效控制，我们现在就对储存的策略方法及形式，存货管制作一介绍。

（1）储存的策略方法。储存策略主要在于确定储位的指派原则。拥有良好的储存策略不仅可以减少因出入货而移动的距离、缩短作业时间，也能够充分利用储存空间。下面我们就一般储存策略的内容及优缺点作简单描述（表 8-1）。

表 8-1　储存策略的内容及优缺点

储存策略	内　容	优点	缺点
定位储放	每一项储存货品都有固定储位，货品不能互用储位	容易管理、总搬运时间较少	储存空间较多
随机储放	每一个货品被指派的储位是随机产生且经常可变	储区空间的使间用效率较高	入库管理及盘点困难度高
分类储放	所有货品按照一定特性加以分类且每一货品有固定储放位置	便于畅销品存取、管理容易	储区的利用率较低
分类随机储放	每一类货品有固定存放的储区，但各类储区内的储位为随机指派	可提高储区利用率	入库管理及盘点困难度高
共同储放	不同的货品可共享相同储位	储存空间搬运时间更经济	管理上较复杂

（2）储存形式。如表 8-2 所示，储存的形式可分为依“储存量”及“储存设备”来分：

表 8-2　储存的形式

储存形式	依储存量分	大批量储存	3 个栈板以上的存量，多采用地板及自动仓储储存
		中批量储存	1～3 个栈板的量，多采用栈版料架或地板堆积
		小批量储存	小于一个栈板的储存，多采料棚架、贮物柜储放
		零星储存	小于整包的货品，皆是使用棚架、贮物柜储存
	依储存设备分	地板堆积储存	利用地板支撑力将物品放于栈板或直接着地储放
		料、棚架储存	料棚架样式很多，大体上分为两面及单面开放式
		贮物柜	现今的贮物柜可卸下、搬运以调整储物空间
		自动仓储	自动仓储可增加拣取出货的效率及正确性

(3) 存货管制。存货具有调节生产与销售的作用，缺乏适当的管理方法将导致损失，对于物流中心而言，快速的流通使得中心对客户订货更无法做事前掌握，这便能够凸显出存货管制的重要性。我们利用存货管制来确保存货量能完全符合销售情况、交货需求以提供顾客满意的供货；另一方面我们也能基于设立存货控制基础，以满足公司最为经济的订购方式及控制方法，来提供在营运时所需的供应。

流通业景气受经济景气的影响，较一般企业来得明显，许多产品周期容易受流行趋势所影响，故其需求量不易确定，而增加不少存货呆滞的情况。如何预防此种状况的发生？首要针对产品的需求状况、订购性质及限制因素加以了解确认后，以产品的需求状况来做为存货管制决策拟定的最重要考虑因素，进而来调整需求预测、考虑订购性质及其他限制因素，做出存货决策（图 8-4）。

4. 盘点

货品因不断的进出货，在不正确库存资料不断累积的情况下，库存货物数据与实际库存量会产生相当大的出入。为了有效

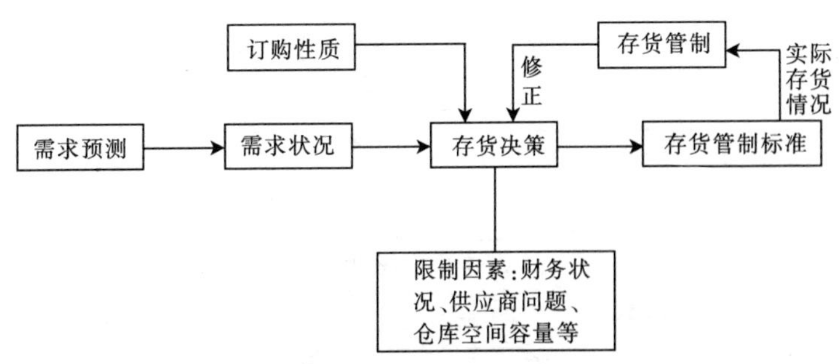

图 8-4 存货决策要素关联图

资料来源：陈慧娟．物流中心操作系统。

控制货品数量，必须对各货品储放场所进行数量清点作业，此动作即称为“盘点”。而盘点结果常会让企业产生极大损益，企业要视自己公司的货物流动速率来决定实行的盘点种类及方法，适时、正确施行以减少料、账不符合的状况。

盘点作业除了可以确定现存量，并可修正料账不符的误差外，还可计算企业的损益、稽核货品管理绩效，使出入库的管理方法和保管状态变得清晰。以下便对盘点时必须依循的步骤逐一说明（图 8-5）：

（1）事先准备。盘点之前的事先准备工作有：明确建立盘点的程序方法、配合会计决算进行盘点、盘点人员需经过训练并熟悉盘点用的窗体、盘点用的表格必须事先印制，还有库存数据必须确实结清。

（2）盘点时间的决定。盘点时间的周期，如果是有实施 ABC 商品类别管理的公司，A 类物品每天或每周盘点一次，B 类商品则每二、三周盘点一次，而 C 类每月盘点一次即可。盘点选择的日期可选择在财物决算前夕或淡季进行。

（3）决定盘点方法。盘点方法必须配合盘点场合、需求而有所不同，一般盘点的方法分为账面盘点法及现货盘点法两种，其中现货盘点又分为期末盘点与循环盘点。

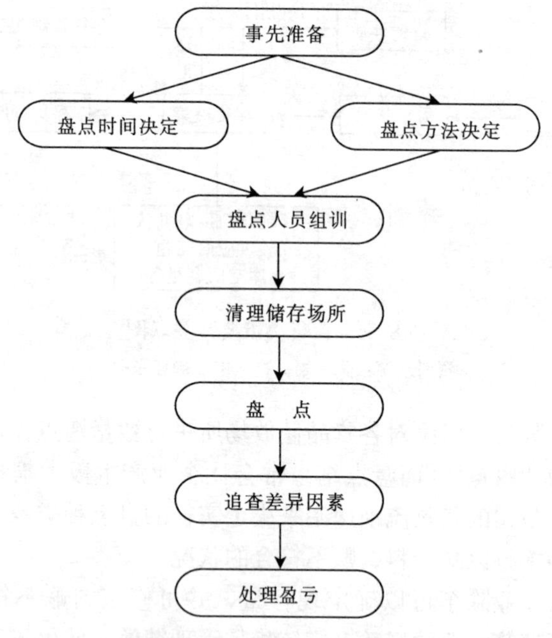

图 8－5　盘点作业的步骤

资料来源：陈慧娟．物流中心操作系统。

（4）盘点人员组训。盘点时各部门需增派支持人员，使得盘点作业顺利进行，这些人员必须组织化且授以短期训练，以利于盘点作业的进行。

（5）储存场所的清理。盘点前储存场所先整理、整顿并将货品予以整理验收，预先鉴定呆料、废品，而仓管人员应在盘点前自行预盘，以便提早发现问题，而使得盘点时的速度得以缩短。

（6）盘点工作。因盘点是枯燥乏味的工作，为了确保盘点的正确性，在工作期间应加强领导与监督。

（7）差异因素追查。盘点之后，如果发现有料账不符的现象，应立即追查其原因，看是否为人员的疏失或者是因盘点制度不完善所造成，针对可能的原因加以预防及改善。

(8) 盘盈、盘亏的处理。物品盘点时除了产生数量上的盈亏外，在价格上也会产生增减，关于这些变化需经主管审核后，利用更正表更动价格上的差异。

5. 订单处理

物流中心从一接到顾客所下的订单开始，到开始准备去拣货这期间的处理过程，包含了对顾客所下的订单确认、存货检查、单据处理、配送分货等，称之为订单处理。

目前订单处理的方式可分为人工处理及计算机作业两种，虽然人工处理可较计算机处理来的有效率，但是一旦订单数量增多时，便会发生处理速度缓慢且易出错等弊端，故现今大多已改变传统方式采用计算机处理，以适应大量的订单。订单处理的内容及步骤如图8-6。

6. 拣货

物流中心所接收的每张订单中都包含有一个品项以上，而将这些不同品项、不同数量的商品由仓库取出集中在一起，这就是所谓的拣货作业。在拣货作业中，其主要的作业流程为：订出出货排程 → 决定拣货作业 → 打印拣取单 → 安排拣取路径 → 分派拣取人员 → 拣货 → 集货。

拣货作业所扮演的角色为物流中心的核心。即为最重要的一环，拣货目的在于正确且迅速地集合顾客所订购的商品。就物流成本而言，物流成本项目包括配送、搬运、储存等，单单拣货成本就占了总物流成本的九成，如能好好改进拣货作业所耗费的成本，对我们降低物流运输成本而言，可达到事半功倍的效果。

拣货作业现大多是人工的劳力密集作业，只有少数自动化设备正逐渐被开发，故我们在拣货作业中经常利用工业工程的改善方法来达到有效提升生产力的目标。在进行拣货系统的建构、现况掌握或改善过程中，有几个要点必须掌握：

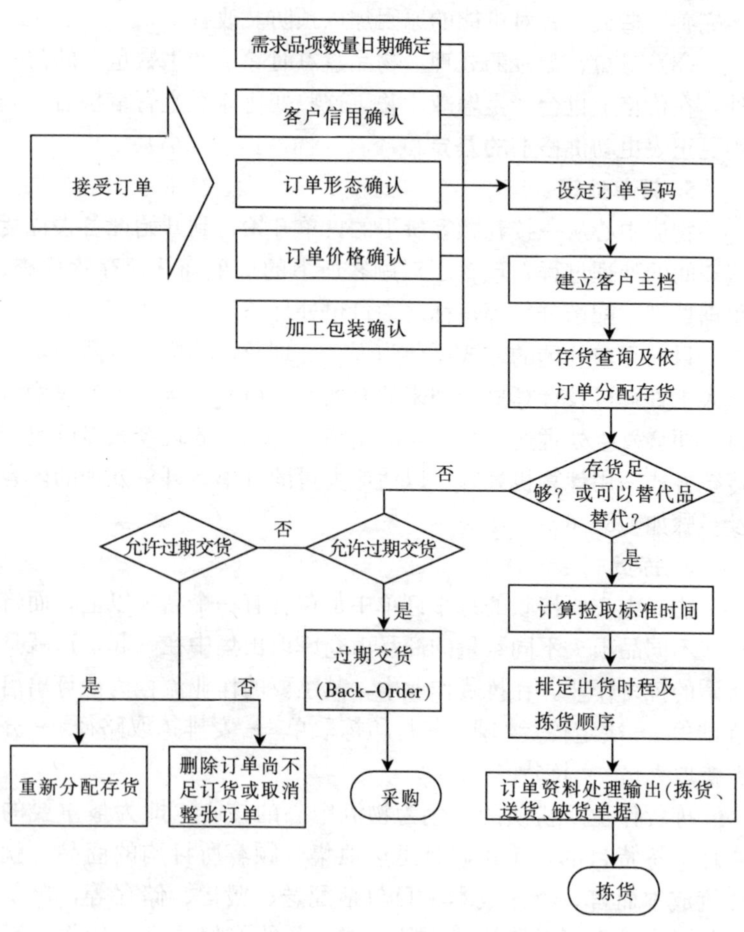

图 8-6　订单处理的内容、步骤

资料来源：陈慧娟．物流中心操作系统。

（1）尽量将闲置时间降至零，即所谓“不要等待”。

（2）多利用输送带及无人搬运车达到零搬运，即所谓“不要拿取”。

（3）将工程上的动线予以缩短，即所谓“不要走动”。

（4）动作标准化可不依赖熟练工，即所谓“不要思考”。

（5）做好商品储放储位管理，即所谓“不要寻找”。

（6）无纸化、不用纸张，即所谓“不要书写”。

（7）利用条形码由计算机检查，即所谓“不要检查”。

若能针对上述几点来做好检核工作，拣货作业的时间及成本便能节省许多，从而提高企业营业利润。至于拣货设备，因为设备众多所以在这不再赘述，读者如有兴趣，可自行参考其他书籍。

对于拣货作业运作的情形，我们必须随时注意并且充分检讨，才能确保作业质量。一旦发觉目前的拣货成本过高，可利用每订单投入拣货成本、每订单笔数投入拣货成本、每汲取次数投入拣货成本、单位体积数投入拣货成本等四个指标互相比较来掌握检查方向：

● 每汲取次数投入拣货成本低而单位体积数投入拣货成本高

表示虽拣货汲取动作多，但汲取的物品体积不大，此情况拣货作业应多以人工为主，因而人工成本花费应较高。

● 每汲取次数投入拣货成本高而单位体积数投入拣货成本低表示虽拣货汲取动作不多，但汲取的物品体积很大，此情况拣货作业应多以设备为主，因设备折旧费用应较高。

● 每汲取次数投入拣货成本高而每订单及每订单笔数投入拣货成本低表示客户订单品项虽不多，但拿取次数高，此情况多是实行批量拣货，因而可能须花费较高的资源处理费用及分货工时成本。

7. 补货

所谓补货作业是指为了将货物自保管区移动至订单拣货区，自此之后，将此迁移数据记录。一般以栈板为主的补货作业其流程如图 8-7 所示。其他如以箱为储藏单位，补货流程与栈板大同小异。

以下我们就针对补货作业中的补货时机（表 8-3）及补货

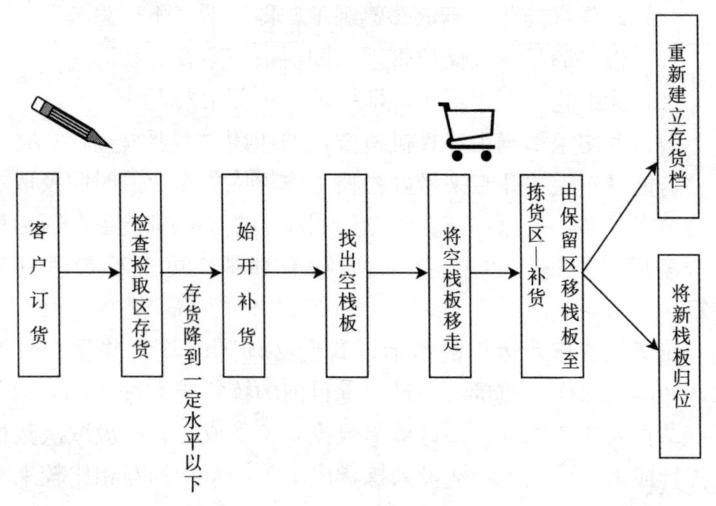

图 8－7　一般补货主要作业流程

资料来源：陈慧娟．物流中心操作系统。

方式（表 8－4）以表格的方式说明。

表 8－3　补货时机

补货时机	补货原则	适合的作业情况
（1）批次拣货	一次补足	一日内作业变化不大，紧急插单不多
（2）定时拣货	定时补足	分批拣货时间固定，且处理紧急时间亦固定的公司
（3）随机拣货	不定时补足	每批次拣取量不大，紧急插单多、作业量不易掌握

表 8-4 补货方式

补货方式	拣货方式	补货方式	所适合的货品类型
整箱补货	拣货员拣取单品放入浅箱中，置于输送机运至出货区	作业员至料架保管区取货箱，以手推车载箱至拣货区	适合体积小且少量多样出货的货品
整栈补货（一）	拣货员拣取栈板上的货箱置于中央输送机，或者使用堆高机将栈板送至出货区	作业员以堆高机由栈板平置堆栈的保管区搬运至同样是栈板平置堆栈的拣货动管区	适合体积大或出货量多的货品
整栈补货（二）	拣货员在拣取区搭乘牵引车拉着推车移动拣货	作业员使用堆高机至地板平置堆栈的保管区搬回栈板，送至动管区栈板料架上储放	适合体积中等或中量（以箱为单位）出货的货品
料架上层→料架下层的补货	将一料架上的两手方便取之处当作拣货区	不易取之处当成保管区	适合体积不大，品向存货不高，且出货中小量的货品

8. 出货

经过拣取分类后的货品，在出货之前必须经过检查，等一切就绪之后，在将其装入妥当的容器内，做好标示，根据已排定好的车辆车次，依次将货品送到出货码头准备装车配送，这就是“出货作业”。而其流程图如图 8-8 所示。

出货的前置作业有一项称之为“分货”，也就是在拣货完毕之后，再将物品依客户类别或配送路径进行分货的工作，经过分货后就是出货之前的检查作业，这其中包含了把拣取物品依客户、车次对象做商品及数量上的核对工作，以及实施产品状态及质量检验（图 8-9）。

倘若我们对每一件商品都一一去核对，不但没有效率而且易出错，也耗费大量人力、物力，反而达不到企业精确、低成本的要求。欲改善此种问题唯有从之前的拣货作业开始，找出拣货

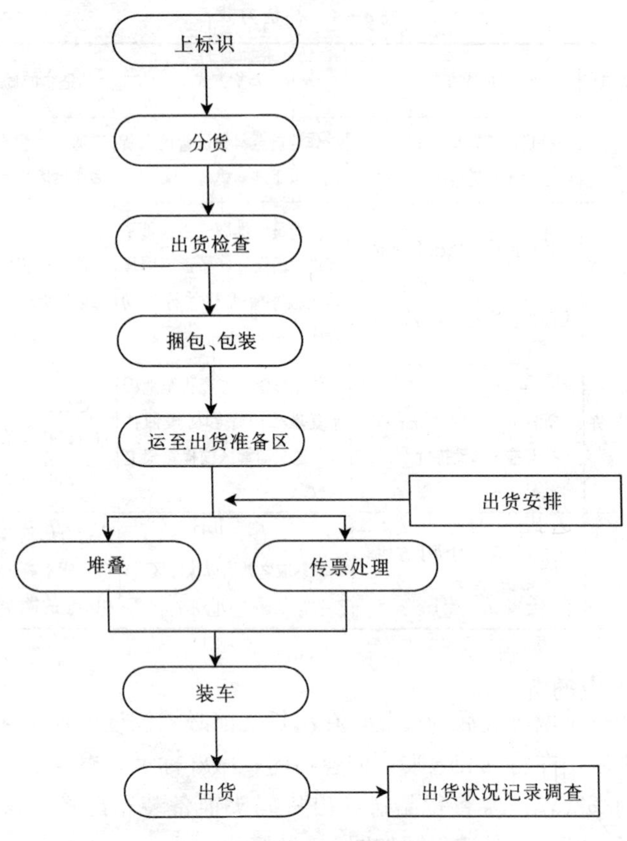

图 8-8　一般出货主要作业流程图

资料来源：陈慧娟．物流中心操作系统。

作业易出错问题症结加以解决，便能免除事后的检查工作。

9. 配送

配送对流通来讲是指将被订购的货品，使用运输工具将其从制造商、批发商货物流中心送至客户手中，其主要的目的为克服供应厂商与消费者之间的空间差距。输配送可分为输送与配送两种，其间的差异为：货物的移动我们总称为输送，而其中短距离

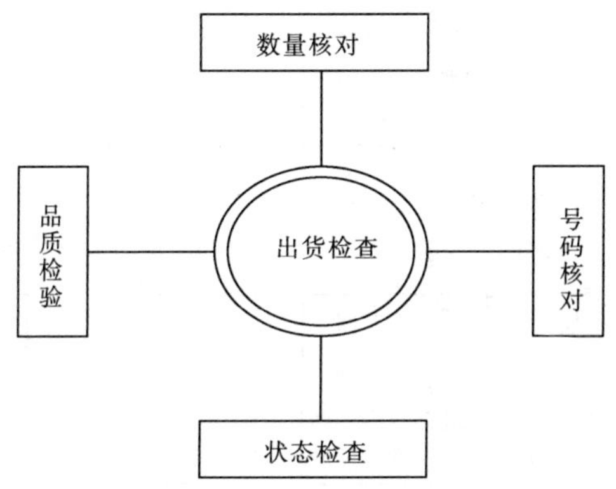

图 8-9 出货检查作业内容

资料来源：陈慧娟．物流中心操作系统。

的少量输送我们则称之为配送。在此我们以物流中心作据点来划分的话，将货物由工厂送至物流中心的过程称之为输送，属少品项、大量、长距离的运送；而由物流中心将货物送到顾客手上称之为配送，属多频率、多量、短距离的配送。

物流的费用包括了保管费、包装费、搬运费、输配送运费及其他，但其中输配送费用占了约 35%～60%左右，可谓是最高比例的费用，倘若能降低输配送费，对物流中心的收益帮助颇大！图 8-10 为主要输配送费用项目及影响因素的关系。欲控制输配送费用，得从其影响因素着手管理，不论是对输送人员的工作时间、作业情形或是车辆的出动率、装载率的掌握，都要注意去管理。

企业要如何促使输配送效率达到最有效的目标呢？总括来说，“距离最小”、“时间最小”、“成本最小”是达成输配送效率最大化的三大诉求。在这三大诉求目标下，应该先由提高每次输配送量、车辆运行速率、削减车辆使用台数、缩短输配送距离及适当配置物流设备等着手考虑，但要特别注意满足客户需求。

● 各配送车辆的承载率

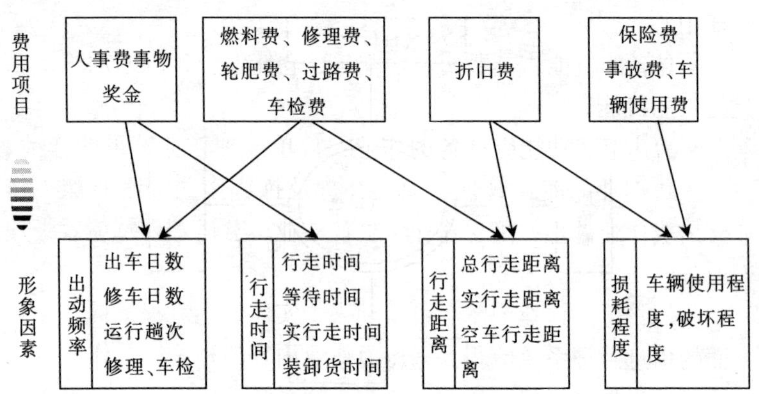

图 8－10　输配送费用及影响因素关系

资料来源：陈慧娟．物流中心操作系统。

- 车辆配送时间限制；
- 配送点的收货时间限制。

为了达到距离、时间、成本最小的目标可采用如下的手段：

- 消除不必要的交错输送；
- 尽量利用回程车；
- 直接运送；
- 建立完整的信息系统；
- 改善输送车辆的通信；
- 控制出货量；
- 共同配送。

8.5　物流中心的信息系统

物流中心信息系统架构的建立必须由各项影响物流中心信息系统的因素分析开始着手，在此我们以具有一般买卖批发特性、泛用型的物流中心作为分析基础，借以提出一套信息系统架构。此一形态的物流中心所具备的特性有：

- 在物流通路中的定位：其主要考虑的对象为批发商形态的

物流中心。

● 具备的机能：具贩卖、输配送、仓储保管、流通加工及信息提供的机能。

● 为达上述功能应具备的作业：订单处理作业、采购作业、进货入货作业、库存管理作业、补货及拣货作业、流通加工作业、出货作业处理、配送作业、会计作业、营运管理及绩效管理作业。

我们将上述作业汇整后可得到一个实体上的流程架构，结合上面的信息管理系统流程，采用由作业内容的相关性及作业流程的关联性来划分模块，故此物流中心的系统架构可划分为以下四个模块：销售出库管理系统、采购入库管理系统、财务会计管理系统及营运、绩效管理系统。以下便针对此四项信息系统做简要介绍。

1. 销售出货管理

此系统所包含的工作为：自顾客处取得订货单，接着便做数据处理、仓库管理、出货准备，一直到把货品运送到客户手中为止。针对这些工作，我们将销售出货管理系统细分为以下几个子系统。

（1）订单数据处理系统。订单数据处理系统包括了客户询价、报价作业及订单接收、确认与输入作业两种。在设计此数据处理系统时主要考如下几点：

● 订单数据自动接收与转换；

● 客户信用调查；

● 报价系统（报价历史查询）；

● 存货数量查询；

● 拣货产能查询；

● 包装产能查询；

● 运送设备产能查询；

● 配送人力查询；

- 订单数据文件维护；
- 退货数据处理。

对于各种不同经营形态的物流中心，在考虑建构其订单处理信息系统时，各有其不同点：①制造商所属的仓储中心、储运中心、转运站：需具备批次订单接收、转换的功能。②具进出口交易能力的物流中心：需较一般物流中心多具备币种转换功能、进出口文件处理、报关作业等功能。③零售商组成的物流中心：具备快速、正确的电子订货系统，以及各项数据转换标准的建立。

（2）销售分析与销售预测。销售分析与销售预测系统包含了三个作业内容：销售分析、销售预测、商品管理。销售分析使销售、高级主管对于其销售状况可以一目了然。销售分析与销售预测系统设计为只能读取档案内容却不能修改或编写档案内容，可从中抓取各种统计报表、销售营运绩效，并可查询业务员销售时机及各个仓库营运时机等资料。销售预测的目的在于协助高级主管预估未来发展方向，以准备未来库存需求量、产能需求及投资成本需求。商品管理系统则是在协助销售主管了解商品的销售状况与消费之间的关系。在设计此数据处理系统时主要考虑要点为：

- 销售分析；
- 商品管理、商品贡献率；
- 销售预测。

（3）拣货规划系统、包装流通加工规划系统。这两个系统主要工作内容皆是为客户所订购的内容做出货前的准备工作，而系统的使用者通常为仓库管理员，或者是生产工作规划管理人员。在设计拣货规划、包装流通加工规划系统时主要考虑要点为：

- 包装流通加工订单批次规划；
- 印制包装流通加工工作总表；
- 批次包装、流通加工排程；
- 补货计划及补货排程；

- 包装、流通加工数据文件及维护；
- 与自动包装机间的数据转换及数据传输。

(4) 派车及出货系统。其作业内容包含了商品集中、分类、指定运送车及装车、派车、配送追踪等作业。配送系统较佳者，可以完成配送路途数据传输或于固定据点使用电话或网络将数据传输以利于中心控制、管理，如此物流中心便追踪物品动向，如派车遇到意外突发状况，马上可以通过通讯系统重新排定派送路径，做到及时反应，使派送工作顺利完成。在设计此系统时主要考虑要点为：

- 出货文件制作，印制出货单、发票、以网络通知客户；
- 配送路径选用系统；
- 配送货品追踪系统；
- 配送路途中意外状况处理；
- 出货配送数据文件及维护。

(5) 仓库管理系统。仓库管理系统包含了两大部分：一为机具设备的应用规划、使用管理及机具本身的保养维护；另一为使物流中心有效利用既有空间的区域规划布置。仓储管理系统的主要功能包含有货品的分类、商品在存货区所需容积的比率分析、现有储位储架的分配及摆设计划、一般储位的转换调用计划与实际作业等。在设计此系统时主要考虑要点有：

- 月台使用计划及排程；
- 仓库规划布置计划；
- 拣货区规划；
- 包装区规划；
- 仓储区规划；
- 仓储区管理；
- 栈板管理系统；
- 栈板装卸货方式规划及迭栈方式设计；
- 车辆保养维修系统；

● 燃料耗材管理系统。

（6）应收账款系统。当货品配送出库后，会计管理人员可使用此系统，将应收账以客户类别做应收账款统计并打印请款单及发票。设计此系统时主要考虑要点如下：

● 应收账单、发票开立；

● 收支登录及档案维护；

● 应收账款收款统计表；

● 收支状况一览。

2. 采购入库管理

采购入库管理系统包含由货品实际入库、根据入库货品内容做存货管理、针对需求或品项向供货厂商下采购订单。而采购管理系统的工作内容包含：入库作业处理、存货控制、采购管理系统、应付账款系统等。

（1）入库作业处理系统。此系统有两个主要的作业内容：一为预定入库数据处理；另一为实际入库作业。以预定入库数据来说，一般都是来做入库月台排程、入库人力资源及机具设备资源分配时的参考，且可打印定期内入库数据报表。而实际入库作业则于交货时发生，所输入的数据包含采购单号、厂商名称、商品数量等。

待商品入库后一般有两种处理方式，可立即出货或上架出货。当采用立即出货时，入库系统需具备待出货数据查询、并连接派车计划及出货配送系统的功能。若采用上架入库再出库的方式，则入库系统本身需具备储位指定功能或储位管理功能。入库作业管理系统应当包含下述功能：

● 预定入库数据处理；

● 入库数据处理；

● 入库检验作业；

● 入库上架作业；

● 直接出库作业；

● 退货入库作业。

（2）存货控制系统。因商品常积压过多存货造成各种利润的损失，故存货控制系统便设计来减少这种情况以控制库存数量、规划库存量，其主要作业包含商品的分级分类、订购批量及订购时点的确定、存货的追踪管理、库存的盘点作业等。

存货控制系统需具备商品名称、储位、仓库、批号等信息的查询功能。且具有定期盘点或循环盘点时点设定功能，系统能于设定时点上自动启动盘点系统，亦能将储存单位自动转换。或者当有移仓整顿或库存调整作业时，此系统需具备大量储位及库存数据处理的功能。此系统在设计时应当考虑下述的功能：

● 商品分类分级；

● 经济批量及订购时点确定；

● 存货追踪管理系统；

● 盘点操作系统。

（3）采购管理系统。为了针对供货厂商能适时适量、快速正确计算地开立采购单，因而开发出采购管理系统，以促使商品能于出货之前准时入库、减少库存不足及呆货过多等情况发生。此系统包含了四个子系统：采购预警系统、供应厂商管理系统、采购单据打印系统及采购跟踪系统。此系统在设计时应考虑下述几项功能：

● 采购数量、时点、品名建议系统；

● 供应厂商报价数据管理系统；

● 开立采购单、打印采购单或以 EOS 向供货商采购。

（4）应付账款系统。商品采购入库后，应将采购数据转换成应付账款，可供厂商依供货厂商类别做应付账款统计表作为金额核对、确认之用。设计此系统时主要考虑要点如下：

● 应付账单核定；

● 收支登录及档案维护；

● 应付账款付款统计表；

● 收支状况一览表。

（5）财务会计系统。财务会计主要功能：将采购部门的货品入库资料与供货商的请款资料作查核，据此付款给厂商；另一项功能为由销售部门取得出货单据，并制作应收账款请款单收取账款。财务会计的系统架构如图 8-11 所示。

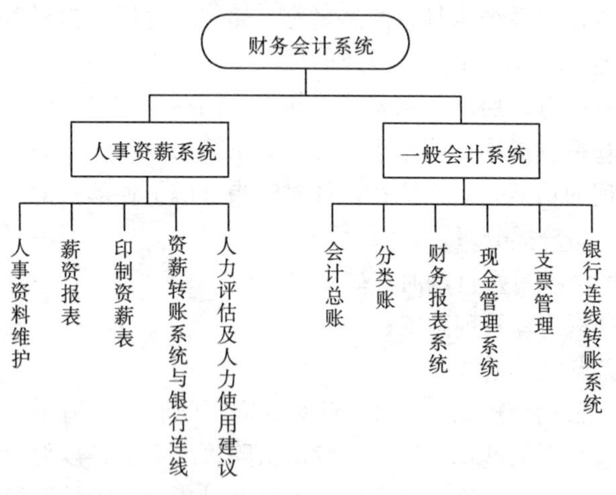

图 8-11　财务会计系统

资料来源：赖明玲，陈妙祯．物流中心信息系统概论。

3. 营运、绩效管理

营运、绩效管理数据的取得，主要由前述几项系统来取得内部数据；由流通业取得外部信息，接着才据以制定各种营运政策，由各个部门协力将政策内容执行。其系统主要工作内容包含：配送资源计划、运营管理系统、绩效管理系统。

（1）配送资源计划。当企业本身拥有许多运作单位时，这时需要配送资源计划将各种资源、运营方向、运营内容作一整体规划。此系统的设立目的是：当物流中心拥有多个储运中心、多个转运站、多座仓库时，要如何来做资源的分配？各资源之间又如何来沟通协调？等等。其系统内部所包含的子系统参见图 8-12。

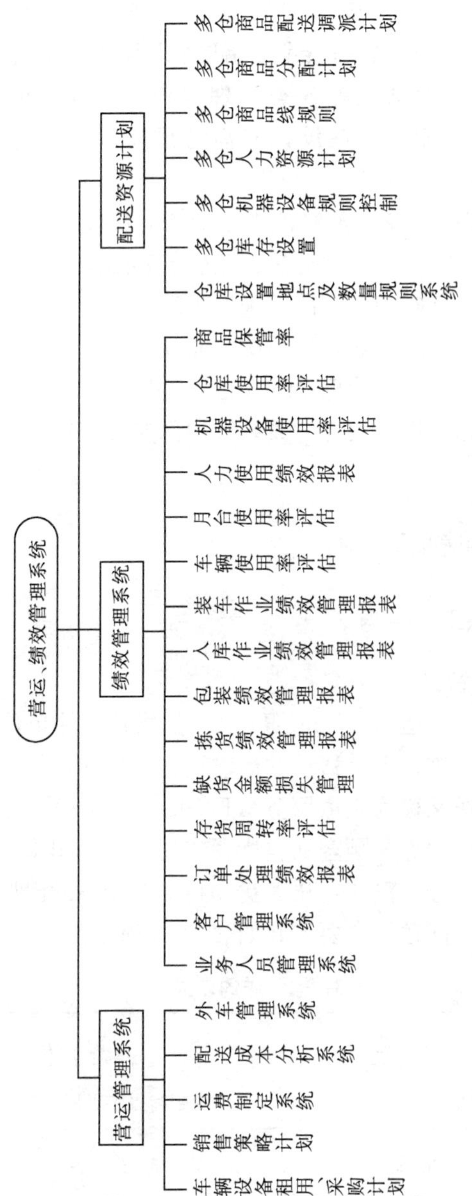

图 8-12　营运、绩效管理系统

数据来源：赖明玲，陈妙祯.物流中心信息系统概论。

（2）营运管理系统。营运管理系统用来制订如车辆设备租用、采购计划、销售策略计划、配送成本分析系统、运费制订系统、外车管理系统等各类管理政策，较偏向投资分析与预算预测。其系统内部在设计时需考虑应有的功能，参见图 8－12。

（3）绩效管理系统。一般物流中心的营运状况是否良好，不能只看各项营运策略的方向制订是否正确、实际的计划及执行情况如何，还需具备良好的信息回馈来作为政策、管理及实施方法修正的依据，便发展出绩效管理系统。而绩效管理的内容包含了业务人员管理系统、客户管理系统、订单处理绩效报表、存货周转率评估及其他相关性报表等。其系统内部亦有需在设计时考虑的功能，参见图 8－12。

8.6 输配送系统

8.6.1 输配送系统的架构

1. 输配送的意义

输送又称为主线运输（Line Haul），是指在运输单位基地或主要据点间将货物进行大量移动的运输过程。例如：从工厂将成品运至仓库；配送又称为集散服务（Feeder Service），是指在运输单位基地或主要据点与顾客（收货者或托运人）间将货物进行少量移动的运输过程，例如：从大卖场将顾客所买的大型家具送至顾客家中。输、配送的主要差异如表 8－5 所示。

表 8－5　输配送的差异

	输　送	配　送
移动距离	长距离的移动	短距离的移动
运送种类	少品种、大量的运送	多频率、少量多样的运送

（续）

	输　送	配　送
运送场所	企业内部（据点间）货物的移动	从企业送至顾客处的移动
	以物流中心做据点来看，由工厂将货物送至物流中心的过程称为输送	以物流中心做据点来看，由物流中心将货品送到客户手中的活动称为配送
移动范围	区域间货物的移动	区域内货物的移动
运送方式	以货车而言，一台货车对一个送货地点作一次往返称为输送	以货车而言，一台货车对多处客户作巡回送货称为配送
考虑因素	较重视效率，尽可能以装载率为优先考虑	以服务为目标，在合理的成本下以满足客户服务要求为优先考虑

2. 输配送系统的架构

从实体分配（Physical Distribution）或储运学（Logistics）的观点来看，输配送系统自成一运输网络，在系统内是由集散站的仓储设备及其间的运输路线所组成的网络相结合而成。不同的时间有不同的货物在运输网络间移动。不同的货物在输、配送系统内移动，不论是生产所需的原物料等投入要素，或是制造完成供消费者选购的成品，只要是在两点间移动，都是靠输配送系统来完成。另外，由于营业范围的扩大，运输距离也随之逐渐增大，加上有效经营观念的提升、运输方式的改良等因素，两地间的输配送作业增加了转运机能，造成运输网络更为复杂，使“输送”与“配送”两种货物移动的方式更加明显。因此，货物流通的输、配送系统便以配送→输送→配送的基本架构来达成，如图8－13所示。输送作业提供营业所间的直接运输服务，而配送作业则是提供顾客与营业所间的直接集散运输服务（pick up and delivery）。

由于业务逐渐扩大，营业范围渐增，顾客分布的范围亦随之扩大，需要运送服务的数量亦不断提高。因此，输、配送系统

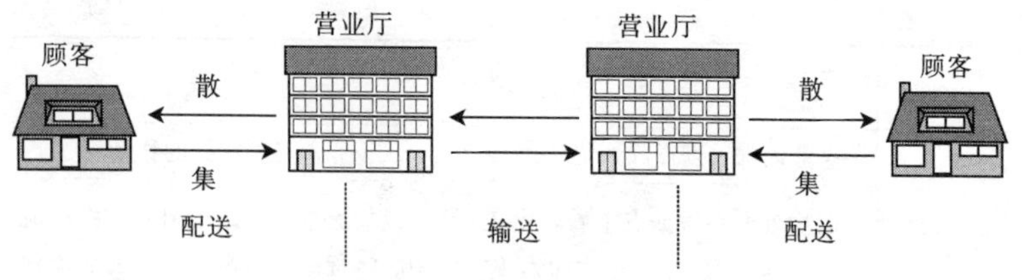

图 8－13　输配送系统基本构架

必须有所调整，除营业据点必须增加外，转运站亦应运而生以使输配送作业能更有效率，因而构成更复杂但有效的现代化输、配送系统（如图 8－14 所示）。其中主线运输包括主线输送与集散输送两种，两者均未与顾客直接接触，纯粹只是为了业者对其大量货物流通的安排。主线输送是指转运站间的运输，而集散输送是指转运站将货物分散至各营业所的运输。至于“集配”，则是指营业所与顾客间的集货与配送作业而言。这种物流作业方式的改变，增加了运输的效率，同时也显示出运输作业的分工更细致。

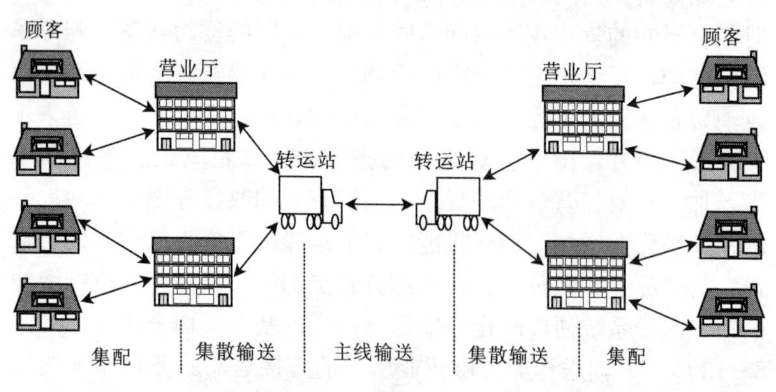

图 8－14　现代化的输、配送系统

为了提高输配送作业的效率、有效掌握车辆运行信息，将运输与通讯相结合逐渐成为趋势。运输操作系统通过无线电的使用，一方面可以有效掌握车辆的动向进而有效利用且可加速货物的收集；另一方面可以加强车队的管理监控，进而提高输配送系统的效率。货运作业与信息作业结合的关系可参考图 8－15 所示。国外运输业者使用无线电已颇具成效，而国内则因频率管制较严，除出租车业使用无线电较多外，其他运输业目前尚未正式使用无线电。不过，由于移动电话的普及与降价，已经大量采用移动电话作为联系的工具。

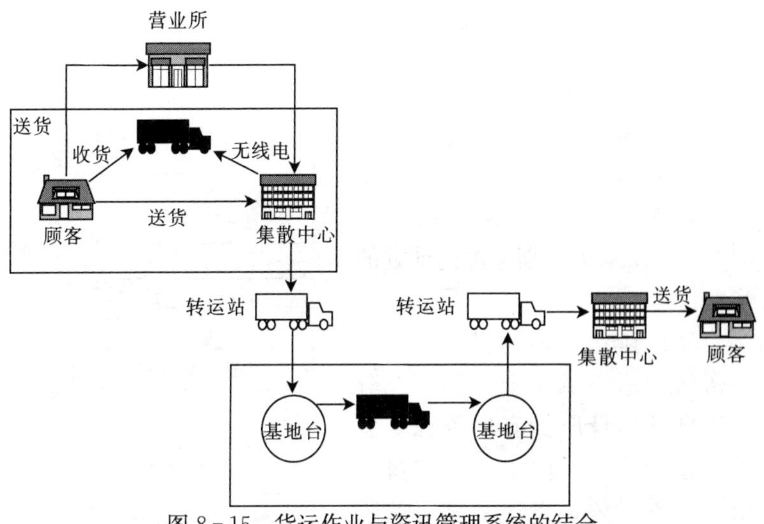

图 8－15　货运作业与资讯管理系统的结合

资料来源：苏隆德．1985。

3. 输配送管理的重要性

输配送作业的可变因素太多，且因素与因素之间又常有相互影响，因而很容易遭遇以下状况，而造成管理上的困难。

（1）配送路径不易选择；

（2）输配送计划的拟定困难；

（3）配送效率低落，无法准时配送；

（4）配送业务的计价方式不易订定；

（5）货品输配送过程的损毁与遗失的处理不易；

(6) 驾驶员工作时间不均，易产生抱怨。

因此有效管理输配送作业是极为重要的，一旦管理不当，除可能发生上述几种情况外，还会增加输配送上的费用。一般来说，物流费包括输配送费用、搬运费用、保管费用、包装费用及其他特殊费用，其中输配送费用比例是最高的，约占35%～60%左右，因此若因管理不当而增加输配送费，对物流中心的收益有极大的影响而降低其竞争力。

8.6.2 输配送系统的规划

1. 拟定输配送计划的步骤

一个有效的输配送计划的目的在于能满足顾客的需要，并使执行的绩效能够替企业创造利润，图8-16所示为规划输配送计划的步骤：

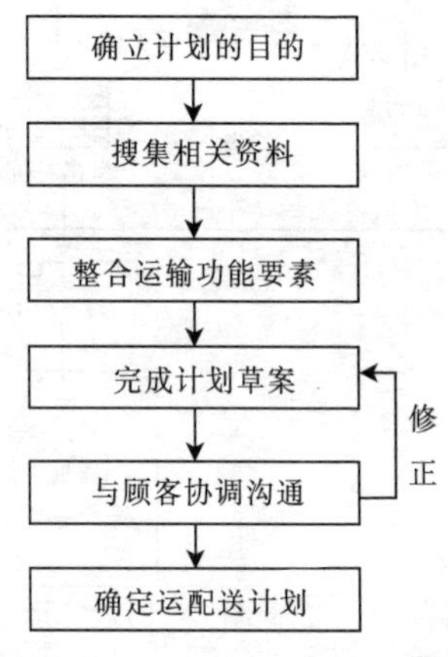

图8-16 拟定运配送计划的步骤

(1) 确立计划的目的。无论经营何种形态的事业，都需充分了解自己本身所拥有的资源与服务对象的需求。由于企业本身的资源时常受限，再加上顾客的需求具有多变性，因此确立输配送计划的目的是相当重要的。再者输配送计划应依照不同的目的而有所不同，例如，执行配送活动的对象是契约客户，或是临时性的客户，其输配送的计划就应会有所差异，或者执行输配送计划的目的是着眼于短期时效性，或着眼于长期稳定性，其两者的输配送计划也应会有所不同。

(2) 搜集相关资料。就配送业者而言，确实搜集长期性契约顾客的相关资料（如客户往年销售量的总计、通路成长预测、淡旺季货量差异评估与分析等）予以分析运用，是提高服务质量的关键。因此平时对客户的销售信息应随时掌握、记录，以免发生无法实时调度人力、车辆，以及协调客户延长收货时间等难以应付的情况。

（3）整合运输功能要素。运输功能要素包括客户、地点、时间、商品、车辆、行车人员、路径等7大项，因此在制定运输计划时，应对此7大项需充分了解，并给予合理的整合。

● 客户（Customers）：指收件人或是托运人。

● 地点（Place）：此因素主要是要了解商品需求点或运送起点的环境、月台设施、停车空间及其他的搭配条件的情况。

● 时间（Time）：为避免车辆无谓的等待，故应先了解装、卸货地点的环境与所容许的收货时间，以缩短整体的配送时间。

● 商品（Goods）：指运送标的物的形状、种类、体积、数量、特性、包装程度等。

● 车辆（Trucks）：是指运送货品的工具，车辆数与车辆规格配备应考虑货品的数量、特性、体积及输配送地点来决定。

● 行车人员（Drivers 或 Workers）：行车人员是指司机或随车人员，他们往往需经常面对不同的运送环境及顾客，因此通常需选择较有服务热情及较有耐性的司机，以确保服务质量。

● 路径（Routes）：是指配送活动的主要路径或运送路线而言，并可事先指定运送的路径让司机遵行，但由于配送活动常因配送点的多寡、道路的拥挤状况，而无法完全事先规划，不过夜间配送则较不受限制。

（4）完成计划草案。在完成了上述3个步骤之后，便可初拟运输计划的草案，草案的内容应包括下列几项：①每日最大载运量；②使用车辆的种类；③输配送作业开始到终止的时间等，且如果有固定班车，其班车的时间、路径、与货源变异时的应变计划等都应一并纳入运输计划的草案内容中，以供讨论。

（5）与顾客协调沟通。让顾客了解到在有限资源下，顾客所能得到的服务水平，是运输计划最主要的目的。因此草案完成后，需与顾客沟通，并让其了解到整个配送作业的流程与未来执行时可能遭遇到的困难，以避免现实的作业与顾客的期望产生太大的落差。且在实际的配送环境上，要有良好的运输服务质量，其实是托、运、收三方面的共同配合的结果。

（6）确定运输计划。在充分与顾客沟通协调后，修正过后的运输计划，应成为与客户服务契约内容的一部分，并应公布给所有参与计划执行的员工了解，以落实其计划的执行。

2. 输配送计划的构面

输配送计划的内容应包括下列九项接口：

（1）场站数目。在运输活动的环境中，场站数关系着配送服务的涵盖范围。故在制订配送计划时，需考虑每一场站拥有的资源条件，针对各场站的特性，将卡车的配置数量、行驶距离、载货量、与配送点予以合理分配，以使场站的配送作业能运转得较有效率及规律。

（2）车辆数。负责运送作业的车辆数多寡，直接影响到配送作业的效率，购置或拥有的车辆数越多时，可以同时进行的派车路线越多，故可缩短配送点的到货时间，但相对而言付出的投资、维护成本越高。当车辆数不足时，因需不断往返载货，且可能会增加配送点，故其配送点可能会延迟到货，因此如何在成本、与服务水平的考虑下配置适当的车辆数将是一个值得探讨的问题。

（3）车辆容积、载重限制。在实际的物流配送上，车辆除了法定的容积与载重限制外，亦需考虑货物的装载顺序及货品的体积。一般的装载原则为先上后下，然而在堆栈时，为了有效利用的空间，往往会将车辆的容积以材积为单位分割成数个标准化空间。

（4）车辆最长行驶里程限制。在制定运输计划时，需对执行运送任务的司机，进行其身心的负荷及作业状况评估，因为在长时间的驾驶状况下，极易造成身心疲劳，进而影响到行车的安全，因此为求得人、货的绝对安全，对于驾驶的总行驶时间及总里程数的评估是绝对必要的。

（5）车队形态。物流业者为了降低成本，增加车辆的周转率，于是根据配送的商品种类来设计符合效益的车队。近几年，由于劳动力的缺乏，使得高速公路上原本以大货车为主的运送活动已逐渐被联结车、拖曳车所取代。再者为了有效地调度车辆，因应配送货品货量的变化，亦应与其他物流业者车队有其相互支持协议，以供车辆的搭配调度之用。适当的自车与外车的比例，可使本身的车辆在调度、周转上更合乎效益。

（6）最佳化目标。配送的最佳化目标，是指用最少车辆数、最低的成本、最短的配送路径在客户指定的时间内，完整无误地递交其所需物品，以期达到最高的服务水平。

（7）客户的作业面。货车停放地点与物品存放地点，是否有省力化的辅助装卸器具；装卸距离长短以及装卸作业是否一贯栈板化、容器化、或必须排班等，都应列入考虑。

（8）时段区隔。卖场的营运与都市路况一般，皆因大众的作息习惯而有高峰与低谷的区别，且交通亦常因调拨车道的方向而影响车流量；顾客更常因自身的需要而要求在某一特定时段到货。故这些服务的限制，都将会影响运配送的计划。因此，利用夜间、晨间或假日等时间来配送以避开这些影响，亦是衡量先进国家配送质量的指标。

（9）路网形态。在实务上，以物流中心所在地为圆心，半径60千米的圆圈内的各配送点，可形成诸多的区域路网。所有的配送方案都必须满足区域路网内配送点的需求。且在配送活动的考虑上，通常皆以直线往返的路径长度及路线上车流量的多寡为考虑因素。

3. 运输规划的种类

物品运输的作业主要包含：取货（Pickup）、送货（Delivery）及混合（Mixing）等3种基本作业，因此在进行运输规划时，亦应同时考虑此3种作业原理。

至于运输规划的种类，主要包括：规划期间的运输计划、每日运输计划及特别运输计划3种。

（1）规划期间运输计划。针对未来某特定期间的已知的运输需求，进行期前运输规划的主计划，使其对所需资源，如车辆、人员、油料等作先前的统筹安排，以满足顾客需求。例如，家电业常针对空调的销售旺季（每年3～7月）作各地区的每月空调销售数量预测，以使储运部门能于此期间内作业顺畅。

（2）每日运输计划。针对前述主计划，进行逐日实际运输作业（如订单的增减、取消、送货排程、车辆调派等）的调度计划，希望使运输作业尽量成为例行性的业务，让行车人员有所遵循。

（3）特殊运输计划。针对突发或不在主计划的考虑范围内的运输活动，在不影响每日的正常运输计划下所做的规划。例如，针对厂商的特卖活动、突发性的大量需求等特殊状况所做的紧急配送计划。

4. 最佳配送路径的选择

单点、大量、长距离的运输行为，我们称之为运送活动。运送活动的途程规划相当的单纯，主要以行驶国道、省道等干线道路两点间最短距离的路径为主，且能避开高峰的用路时段即可，因此为节省运送成本，常利用夜间运送作为主要的管理手段。

有关短距离、多卸货点及多样少量的配送活动，常因需面对广大区域的许多配送需求点，且这些需求点期待配送厂商能在指定时间内完成配送，但由于配送厂商无法掌握路况，再加上配送活动的途程规划存在诸多变量，因此配送业者很难求取到有规律的最佳配送方案。故如何在多项变量环境中设定有效的卡车途程（Truck Route）及人员与车辆的排班（Schedules），乃是从事配送规划的经理人员最大的挑战。

5. 配送车辆途程设定的步骤

(1) 区分配送点。物流中心服务的顾客极多，一旦掌握特定配送期间内各配送点的商品需求、种类、数量等信息，应立即依配送需求的信息，将配送地点按其所在的地理位置加以划分。其主要目的是使车辆的运用能更有效率，以及均衡每一部货车的作业量（如车行时间、上下货时间）。

配送点的区分方式，可以复杂到以管理科学方法加以分析，也可简单到纯粹以人为方式判断。至于该采用何种方式进行配送点区分，则应考虑于企业的分析人员素质、信息搜集的完整程度及计算机设施能力。

(2) 途程设定及排班。途程设定（Routing）的最主要目的，乃在于决定卡车送货（或取货）的顺序（Delivery Sequence）。因此一旦完成顾客的区隔，则每一区域均需指派一辆卡车来进行配送作业。

卡车送货给顾客的途程顺序决定，将影响到卡车的途程成本。举例来说，某一区的卡车需送货给 A、B、C 三位顾客，一般而言顾客所在地的搬运、卸货、点交等作业的时间较易估算且为一定值。但是送货顺序随着每一种送法的不同（如 A→B→C、A→C→B、B→A→C 等 6 种），其产生的成本均可能有所不同。

且当送货点增加到 10 点以上时，其送货顺序组合的数目庞大将很难予以一一考虑。此时若无合适的分析方法，通常会考虑采用不是很有经济效率的人为判断方法加以决定卡车途程，相对的有可能造成卡车途程成本的浪费。

关于设定途程送货顺序的问题，也可采用较复杂的管理科学方法加以分析。如众所周知的“旅行销售问题”（Travelling Salesman Problem，TSP）的各种启发式解法或是由美国学者 Bodin 等人运用诸多网络模式（Network Model）为分析工具，求取车辆途程规划的方法。限于篇幅，故在此无法多所叙述，仅举其“旅行销售问题”加以简单介绍。欲求解 TSP，则企业需有系统的累积如距离、巡回时间、所耗成本等配送点与货车巡回之间的相关信息，使TSP的启发式方法可寻求最低成本的途程，一旦途程定案后，依既定的客户送货顺序，将出车时间、到达完成装卸货时间、离开客户的预计时间予以排定，既能得到途程的排班表（Route Schedule）。

（3）装车计划。一般装车计划乃是考虑车辆装载率（Truck Utilization）、装载的获利能力、及上下货的便利度等因素后，才决定商品装上卡车的顺序及位置。且为使配送作业得以顺畅，则必须有效地执行装车作业，因此，配送规划人员是否能依配送目的及卡车装载硬设备作妥善计划，对配送作业效率影响甚大。

（4）司机排班规划。司机排班规划需考虑到司机对配送途程的熟悉度、工作量的平衡、劳基法工作时数的限制及休假的安排等因素。因此，在考虑了上述因素后，排定司机班表，以便使所有的卡车途程都有司机作业。再者如因需求量太大，而超过公司司机的负荷量，为使商品得以按预定时间送达客户手中，则需立即寻求外援。寻求外援的方式甚多，例如，与货运行建立长期互相支持的关系，或请休假的司机支持等方式以解决司机短缺的问题。

8.6.3 输配送工具的种类及优缺点

输配送系统的目标在于期望能以最小的成本将货物实时、安全、迅速地送达到顾客手中，而安全、迅速与及时这三项服务水平，一般又与成本成正相关的关系。因此，运输服务业者除了要在成本与服务水平间取得平衡外，还要考虑搭配不同的运输工具来满足不同的顾客运输需求。

此外，运输工具的调派也是规划工作的重点。由于不同性质的货物其所需的运输工具也不尽相同，且不同的运输工具对于货运成本也有其相对的影响。因此，运输工具的选择与购置实为运输规划工作中不可忽视的一环。

运输配送作业需依赖于各种运输工具的相互搭配使用，方能完成配送运输的功能。以下将针对陆海空不同的运输工具，逐一介绍。

1. 铁路运输

（1）铁路运输的定义。所谓铁路运输，是指使用行驶于铁路上的列车载运旅客及货物的运输方式。其中铁路，是指铺设轨道以供车辆行驶的路线及场站设施；而列车，是指一辆以上（含）的动力车，单行或牵引数节车厢行驶者。

（2）铁路运输的特征。

● 车辆、路权同属一拥有者。铁路运输的场站，通路的规划、修筑，及运具设备的购置、维修等相关营运的作业与设施，都是由同一机构负责出资执行的，故这些设施亦仅供此一机构专用。

● 投资庞大、移转不易。由于铁路运输各项设备的铺设均着眼于特定的用途，再加上车辆与路权均归属于同一拥有者，故初期所需的投入成本庞大，且由于缺乏移转性，致使所投入的资金不易收回，故具有沉没成本（Sunk Cost）的特性。

● 专属路权。铁路运输有其专属的轨道且具有优先通行的权限。

● 编组列车。铁路运输的机具具有强大的牵引力，再加上车厢间拥有坚韧的连接器相互连接，故拥有列车编组的能力，并可机动地以加挂车厢的方式，调整路线容量。

● 采用导向原理。铁路运输具有自动导向的功能，这是由于在凸出的钢轨搭配有边缘的车轮所产生的结果。

（3）铁路运输的优点。

● 货品准时到达性高。铁路运输具有自动导向的功能及优先通行的权限，再加上较不受气候的影响，因此影响到达时间的变异性极小，故货品准时到达性最高。

● 运资低廉。由于铁路运输载运量颇大，且行车成本具有“距离越远成本越低”的特性，因此最适于大宗物品的长途运送。

● 安全性高。铁路运输具有自动导向的功能以及优先通行的专用轨道，因此在安全设施的规划上，极为单纯、完善且易施行，故被视为安全性最高的运输方式。

● 受气候影响小。

（4）铁路运输的缺点。

● 缺乏机动性。铁路运输的路线受限于轨道的铺设，且不同列车间需保持一定的间距，再加上行驶时段固定，无法机动灵活调整，故缺乏弹性。

● 维修不易。铁路运输的营运设施成本庞大且具专业性，本身除需投注大量的人力、时间与成本外，由于维修不易，故尚需有完善的维修设备搭配才行。

● 目标显著。行驶于轨道上的编组列车，由于体积庞大且目标显著，在战时容易受到战火波及。

● 编组费时。列车的编组需耗费相当时间才完成，且大多需在调度场进行较为不便。

2. 公路运输

（1）公路运输的定义。利用行驶于公路的装载车辆载运货物及旅客的运输方式，我们称之为公路运输。上述中的公路，乃是指供装载车辆行驶的车道与场站设施；而装载车辆，乃是指在公路上不依轨道或电力架线，而以发动机行驶者。

（2）公路运输的特征。

● 机动性高。公路运输的路网密布且不受轨道限制，只要有行车道路即可通达，并可依照顾客的需求，灵活调度车辆的行车路线及时间，极具机动性。

● 及门服务。公路运输路网密布，可直接到达工厂及住宅，提供及门（Door to Door）的运输服务，并可作为其他的运输方式的衔接工具。

● 车辆、路权分属不同的拥有者。运输者及个人驾车者仅需购置车辆即可使用道路来运送货品及旅客，且由于路权是属于政府的，故道路的维护、铺设等费用的支出均由政府的预算支出。

● 公共性强。由于公路运输的路网密布，故可提供广大群众便捷的运输服务。

(3) 公路运输的优点。

● 方便性高。由于公路路网密布，且托运手续甚为简便再加上它可提供及门运输服务，因此公路运输被视为最具方便性的运输方式。

● 普及性高。公路运输可为广大群众提供便捷的运输服务，且对于车辆的调度极富弹性及适应性，再加上小客车的售价低廉，因而成为普及性最高的运输方式。

● 容易经营。公路运输者进入市场相当容易，且可在早期先可采小规模经营，而后逐渐扩大，一旦经营失败，亦可随时转让退出市场。

● 调度灵活。公路运输较不受路线及时间的限制，具有相当高的机动调度性。

● 低维修成本。公路运输的通路为政府投资兴建，业者只需负担相关营运（如场站、通讯设备等）及车辆的成本，因此成本低廉。

(4) 公路运输的缺点。

● 安全性低。由于有较多的因素能影响公路运输的可靠性（如行驶的车辆种类、性能，驾驶人的素质、行车速率，道路工程的质量等），于是造成公路运输的安全性最差。

● 载运量低。公路运输由于受到桥梁、道路、场站等设施的限制且以车为载运单位，故其载重最小、承载量有限。

● 人工成本高。每辆车共需配置驾驶及搬运工1～3人，较耗费人力，因而显得较不经济。

3. 水道运输

(1) 水道运输的定义。利用行驶于水道航线上的船舶载运旅客及货物的运输方式，我们称之为水道运输。上述中的“水道航线”，是指在水面或水中可供船舶航行的路线与相关的港站设施；而“船舶”，是指能漂浮并航行于水面或水中的运输工具。

（2）水道运输的特征。

● 航线便于利用且较具弹性。由于水道运输的水域宽阔且通路大多为天然的航线，故其在航线的选择与利用上较具弹性。

● 运距远航速慢。水道运输的运输路途大多需横跨世界的各大洲，因此航行距离遥远，且由于船舶的航速极易受到气候的影响，故行驶速度都趋于缓慢。

● 海洋的阻隔。利用水道运输可通行于国际各港口，克服海洋阻隔的天然限制。

（3）水道运输的优点。

● 续航力强。船舶能充分储存所需的动力燃料、食物及淡水等基本民生用品，并具备独立生活的种种设施，且可于出航后历时数十日再加以返航，故其为续航力最强的运输方式。

● 载运量大。水道运输被视为载运量最大的运输方式，是因为船舶的载运量可高达数十万吨以上。

● 舒适度高。豪华邮轮的船舱内部宽敞且装饰华美，再加上具有各式各样的娱乐设施，是一种舒适度极高的运输方式。

● 运费低廉。水道运输的运量大，所需的动力运转费用低廉，再加上通路为天然的航线，且港埠是采用承租方式，故此运输方式的运价最为低廉。

（4）水道运输的缺点。

● 行驶速率低。船舶的航速易受气候状况、水的阻力、风力与经济速限的影响，故航速最低。

● 目标显著。船舶体积庞大，行驶于海面上时目标显著，战争时容易受到攻击。

● 准时到达性低。由于水道运输航程长，且航速易受气候影响，故货品准时到达性最低。

● 极易受气候影响。船舶行驶于海面上，浓雾与风暴均会对

船舶的航行造成极大的不便，故稍有不慎极易发生倾覆或碰撞的意外。

4. 航空运输

（1）航空运输的定义。利用航空器载运货物及旅客，行驶于空中航线上的运输方式，我们称之为航空运输。上述的“航空器”是指基于本身的动力或以任何空气浮力的方式得以飞行于大气中的运输工具而言；而“空中航线”是指经由航空机关核定，可供航空器于空中飞行使用的路线与相关的场站设施。

（2）航空运输的特征。

● 运具、航线分属不同的拥有者。航空运输的相关场站设施与飞航路线乃属政府所有，经营者仅需购置航空器，并向政府申请使用相关航线与设施，待核准后，即可营运。

● 运距远航速快。航空器飞行速度快，再加上航空运输的飞行路线具直线性，故适用长距离的快速运输服务。

● 不受地理环境的限制。由于航空器行驶于空中航线，故不受海洋、山川、河道等地理环境的阻隔。

● 折旧率快。由于航空运输具有国际性的特质，再加上航空器的研发无论是速度、载动或性能上均日新月异，航空运输产业须时常淘汰旧航空器的机种以维持有效的竞争力，故航空器的生命周期甚为短暂。

● 用途宽广。航空运输除了提供平时的载客、货运输服务外，尚可支援救灾、赈灾、侦查、探测、搜索、摄影测量、巡逻、喷洒农药等功能。

（3）航空运输的优点。

● 不受地形限制。航空器飞行于空中，由于远离地面，故航运不受地形影响。

● 稳定性高。航空运输可固定飞行于某一高度，飞行速度高且一致，且航线选择自由，故为稳定性最佳、颠簸性最低的运输方式。

● 速度快。航空器由于飞行于空中航线，不受地形的限制，且飞航速度已超过音速，因而被视为速率最快的运输方式。

（4）航空运输的缺点。

● 受天气影响大。气候的影响如浓雾、大雪或暴风雨等，均会干扰到航空器的起飞与降落，对飞航安全产生极大的威胁，故气候恶劣时，常须暂停飞行。

● 运费高。航空器的折旧率高、载运量有限、燃料消耗量大，再加上其购置成本高，导致载运的单位成本较其他运输方式高出许多，故运费最为昂贵。

● 载运量低。航空器的载重量会直接影响到飞行安全与速率，故其在载运量的限制上，与其他运输方式相比，差距甚大。

5. 管线运输

（1）管线运输的定义。利用压力作为动力源，使货物在管线内流动的运输方式，我们称之为管线运输。上述所称的“管线”，是指同时具备运输工具与通路功能的固定管线，其运作的方式是利用管道中某一端点的压力源，将货物基于该管道流动至另一端点。

（2）管线运输的特征。

● 单向运送。在同一时间内的同一管线中输送物，仅可朝某一单向运送。

● 运具、通路一体。管线运输比较特别的是它的输送管道同时具备运输工具与通路的功能。

● 专业化程度高。管线运输只适用气体或液体的输送，不适用于其他类型的物品运送，故具高度专业化的特质。

● 产运合一、输送物不需包装。管线运输的运输方式大多直接由供应点经管线输送气体或液体到需求点，且由于运输物品为气体或液体，故在输送期间不需任何搬运的媒介与包装；再者由于管线运输通路大多为工商企业所私有，系属专有运输，故具有生产、运销一元化的特质。

● 及门服务。由于管线运输可将产品（气体或液体）经由管线直接从供应点配送到需求点，故其具有完善的及门运输服务功能。

（3）管线运输的优点。

● 运价低廉。管线运输的运送过程单纯且不需任何居间搬运媒介的支持，再加上其动力费用低、运输能量大，故运价低廉。

● 载运量大、无间断性。由于管线运输的物品大多为气体或液体，故可持续不断、无限量地运送物品到需求点。

● 不受天气影响。由于管线运输的运送物品在管道内流通，故较不受外在的恶劣天气影响。

（4）管线运输的缺点。

● 不易维修。由于管线运输的通道大多埋设在地面下，故一旦损坏或输送受阻时，不易找出问题的发生点，因而维修困难。

● 限制运送物品的形态。管线运输大多局限于气体或液体物品的运送。

● 易蒙受偷窃损失。管线运输的通路大多属长程输送，因此在管线监控方面较不易掌握，故在偏僻处易遭偷窃。

8.6.4 输配送工具的选择

运输系统的选择（运具选择）主要取决于该项商品的特性。例如：水道运输适用于散装货物的运送，航空运输适用于运载质轻、高价且具时效性的商品，汽油、瓦斯等液态类产品的长距离输送，则以管线运输的方式最为有效；而公路运输则被视为最有弹性的运输系统；至于铁路运输虽不像公路运输般发达，但亦是使用广泛的运输方式之一。

运具选择程序主要可分成六个步骤，如图 8－17 所示。

（1）确认问题。确认商品的运输需求以及特性。

（2）拟出可行方案。提出可行的运输模式方案，如多种运具组合模式或单一运具输送模式。

（3）定性分析。首先列出运具评估的重要准则（如可靠性、费率、速度、运送能力、班次等），以利于对可行方案进行初步的评估，并将未能有效满足运输需求与商品特性的方案予以删除。

（4）定量分析。将所有通过定性分析的方案，详细地计算出各方案的年总购置成本、年总存置成本、年总运输成本等成本项目，以利进行各方案的成本分析。

（5）选择最佳方案。从定量分析中的各个方案里，选择出总成本最低的方案即为最佳的运具选择方案。

（6）执行与回馈。使用最佳方案中所规划的运具进行货物的运送，并追踪、确认该运输方式是否能有效达到预期的运输任务。

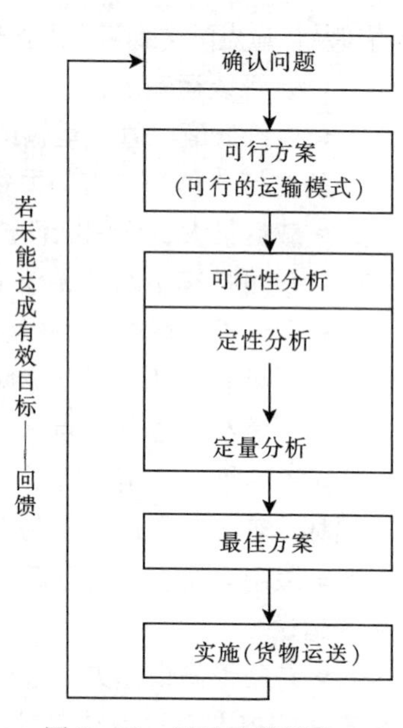

图 8－17　运具选择程序

常见的运输评估准则，一般而言有下列七项：

（1）可靠性。泛指达成运输任务与班次准时到达的能力。

（2）便利性。泛指运具所能提供的相关运输服务的便利程度，如中途转运的可行性，运输设施的位置、营业所的数量等。

（3）旅行时间。采用的方案应尽量选择能缩短产品旅行时间的运输方式，如此可提高公司的服务水平及市场的竞争力，但仍需考虑到运输方式与成本之间的关系。

（4）运能。意指运输系统所能提供的总载运量。

（5）可及性。通常指及门运输目标的达成度以及能提供服务的地区范围。

（6）班次。通常指定期配送的频率。

（7）企业政策。企业有时会基于某种政策性的考虑，而偏向于选择某类的运具。

9　制商整合的营销管理

——品类管理

9.1　绪论

9.1.1　品类管理的定义

品类（category）是指消费者认为相关且可相互替代的一组特殊商品或服务。依据 FBI Best Practices Definition 的定义，品类管理（Category Management，CM）为“配销商和供货商合作，将品类视为策略性事业单位来经营的过程，借由创造商品中消费者价值来创造更佳的经营绩效”，其概念可参考图 9－1。

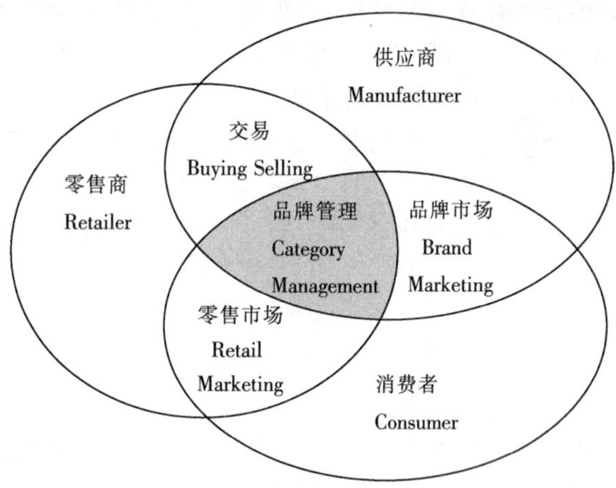

图 9－1　品牌管理的概念

资料来源：周春芳。

品类管理是供货商主导的一种管理作业，主要目的是为了将品类管理设为策略性的业务单位。企业定义目标与策略的重要性如下：

（1）品类管理会跟许多交易伙伴有关，因此不是自己公司单独实施就可以完成的。

（2）与交易伙伴共同推行品类管理，不但可以提高业绩、增加获利又可以促进交易伙伴间的关系。

（3）品类管理是一种流程。

（4）品类管理需要一套完整计划、掌握市场信息、了解消费者习性及成本效益分析能力等。

（5）以上的改善活动都是建立在彼此互信，期望提供消费者更好的商品及服务之上。

品类管理可以协助交易伙伴双方节省成本，还能找出潜在的商机，执行过品类管理的企业知道真正的好处是在后者，亦即开创商机。由此可知品类管理是 QR/ECR 里的一项关键因素，它可影响 QR/ECR 的四个主要因素（有效商品补货、有效促销、有效商品组合、有效新品介绍）。如果 QR/ECR 缺少品类管理，则 QR/ECR 仅是注重供应面，实施品类管理才算是完整的 QR/ECR，因为品类管理包括了需求面。

如果企业要进行快速响应（QR/ECR）活动应从调整企业的策略，接受企业改变与了解消费者需求等做起，最后快速响应才可以创造出更效率化的补货与配送作业，创造更佳的销售成绩，给企业带来更大的竞争力。

9.1.2 品类管理的概念

在传统的商业活动中，品牌为供货商的经营核心，所有的经营活动皆以品牌营销为主，从商品的开发、定价到促销活动等，连销售状况分析及市场调查也都以品牌为中心。零售商的经营则以其店铺的销售情形来决定商品组合及陈列摆设的调整。供货商及零售商如果不以品牌及店铺为中心来决定其经营策略，在收集产品信息时难免会有所遗漏。品类管理则提供零售商和供货商另一个经营方向，通过品类管理来主导经营活动必须要零售商和供货商密切合作，打破以往各自为政甚至互相对立的情形，以追求更高利益的双赢局面。

在品类管理的经营模式下，零售商经由 POS 系统掌握消费者的购物情形，而由供货商收集消费者对于商品的需求，并加以分析消费者对品类的需求后，再共同制定品类目标，如商品组合、存货管理、新商品开发及促销活动等。表 9－1 列出传统门市管理及施行品类管理的门市管理的差异。

表 9－1　传统门市与品类管理门市差异

传统门市	品类管理门市
销售所采购的品项	采购应销售的品项
战略性	策略性
以产品为主	以消费者为主
零售商与供货商协商	双方成为合作伙伴
将产品推入门市	消费者将产品买入
厂商提供利润	消费者产生利润
以进货数量为报表依据	以实际销售为依据

资料来源：修改自：周春芳．流通业现代化与电子商务。

目前品类管理多半是由具领导能力的供货商辅导零售商共同执行，初步规划以货架管理为主，借助 POS 信息及计算机分析每个货架上摆设产品的销售数量及成本，以分析所得的数据判断此产品是否需要增加或减少上架空间。同时由货架管理制定每家商店适当的库存量及安全存量，且于一定时间之后即可获得成长率及固定销售量等信息，再将卖场销售数据回传给供货商，有效反应至制造商处，适量控制生产与制造，以减少库存量及库存天数等。而这些都是执行品类管理所希望进一步达到的目标。

9.1.3 品类管理作业流程

品类管理作业流程可以区分为六个组件，其中核心组件有企业策略、企业流程，另外还有辅助组件：信息技术、组织能力、协同合作的关系与评量表。以下分别说明核心与辅助组件。

（1）企业策略。是引导企业决策的大方向。

（2）企业流程。为企业每日所进行的作业，为达成企业策略所从事的一连串活动与方法。

（3）企业组织能力。是企业核心竞争力通过适当的组织架构、责任、角色、发展、技术与奖赏系统的进展而得出的。

（4）信息技术。通过运用信息科技收集及分析相关资料，提供品类管理所需的数据，可以大幅度改善企业流程。

（5）协同合作的交易关系。

（6）评量表。为一种评量工具，用来观察施行成效，改善品类计划、决策决定，或是用来做奖罚的参考。

9.1.4 执行品类管理的障碍

一般流通业在执行品类管理时，可能会遭遇如下障碍：

（1）品类管理仍停留在“货架管理”，尚未有更进一步的发展。

（2）实施后效益缺乏有力数据，无法说服决策主管全面执行品类管理。

（3）零售商对于自身资料的分享仍持观望态度。

（4）零售商仅专注于公司内部的业绩成长。

（5）产业整体环境成熟度不够。

（6）各企业对品类管理的重视程度与方向不一。

（7）企业主对品类管理的认知不明确，无法说服企业主引进品类管理。

（8）业务单位与采购单位之间往往没有明确的沟通，致使采购单位无法了解业务单位的实际需求。

（9）不同单位或公司之间的互信程度仍有待考验。

（10）执行部门定位不明确，哪个部门适合运作品类管理尚无定论。

实行品类管理最大的障碍在于缺乏管理阶层的承诺，其他如具体及时且易于使用的信息不易取得、取得不正确的信息、信息传送过程失真及缺乏品类管理的技巧、无专门负责主要客户的经理人等原因均可能对实行品类管理造成冲击。

9.1.5　品类管理的效益

1. 零售商方面

（1）减少管理货架的人力；

（2）降低缺货率；

（3）减少库存成本；

（4）提高销售量；

（5）提高商品周转率；

（6）提供较佳的采购及商品组合建议。

2. 供货商方面

（1）减少存货成本；

（2）增加销售量；

（3）提高市场占有率；

（4）提高毛利率；

（5）提高净利率；

（6）提高投资报酬率；

（7）提高资产报酬率。

9.2 品类管理的步骤

图 9－2 为欧美各国在实施品类管理之后，所拟定的实行品类管理的七个标准步骤。品类管理不是一套适用于所有供货商与零售商的方法，因此如何有效运用仍需通过双方的默契与共识。

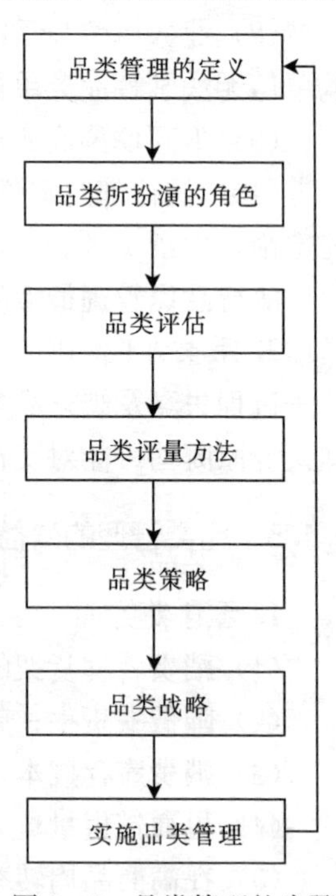

图 9－2 品类管理的步骤

1. 品类管理的定义

在执行品类管理之前，首先要明确何为品类。而品类的架构是由供货商与零售商协调制定，但最主要的仍是以消费者需求为出发点。

2. 品类所扮演的角色

(1) 普遍性品类。消费者于日常生活中或因习惯使然而会购买的商品，如：报纸、杂志、饮料等。通常这类产品每家商店都有贩卖，因此消费者并不会指定非得到特定的商店购买本类商品不可，只是经常购买该类产品商品而已。

(2) 特殊性品类。本类商品具有吸引消费者消费的特性，而且该品类是该商店与众不同的卖点，消费者会为了购买这项商品而专程前来购买。假若该商品仅由特定商店贩卖，则消费者要买该商品，势必要到些商店，此品类为一种目的性品类。

(3) 偶发性品类。该品类商品主要是满足消费者在偶发状况下所引发的需求。譬如：一般商店所提供的轻巧雨具等商品，便是偶发性品类商品。

(4) 季节性品类。为适应特定节日或活动所摆设的商品。譬如：促销活动中，常可看到“消费满 5 000 元，再加 500 元即可得到价值 1 000 元的泰迪熊”等标语，该卖场中原本可能并无陈列该“泰迪熊”品项，但在促销活动中便会陈列该商品以刺激消费。

（5）便利性品类。具有增进消费者从事某项活动的便利性的品类。譬如：便利商店会提供影印、传真、代收停车费、代收货款等服务，统一超市提供国际快递服务等。虽然该品类的单价可能偏高，但消费者认为该品类所带来的便利性的价值远超过其售价，故愿意以较高的价格购买的该类商品。

3. 品类评估

我们可利用下列基本问题来评估符合消费者需求的品类：

（1）哪些品类最受消费者喜爱？

（2）某品类购买的消费者是哪些人？

（3）某品类实际的使用者是哪些人？

（4）消费者何时购买？

（5）消费者喜欢在哪里购买？

（6）消费者用什么方式购买？

（7）消费者为什么要买这些品类？

我们可通过市场调查或 POS 系统的数据搜集及分析，来判断某品类在消费者行为中所占的比率，以消费者导向为主来改进卖场商品陈列方式，进而提升整体销售能力。因此，研究消费者行为也是品类管理中很重要的一环。

4. 品类评量方法

以往产品销售情况都是借助销售数量与销货毛利的方式来判断，而在导入品类管理之后，品类管理提供了 ABC 成本分析、库存天数、缺货率、库存周转率，以及消费者满意度等几个层面进行评量，丰富了内容评量及准确性。

5. 品类策略

通过上述步骤，可以明确找出哪些品类最受消费者喜爱，从而接着可进一步确定要采用何种策略来提升该品类的竞争力。例如：增加顾客来店次数、吸引更多的顾客前来消费、增加消费者在店内时间、增加顾客在店内的消费、销售高毛利品类等。此外，若供货商及零售商能依消费者行为共同拟定品类策略，则更可增进品类管理的效果。

6. 品类战略

品类策略制定后，即可进一步发展营销策略相关计划：商品类别计划、商业化计划、陈列计划及定价计划，如表 9－2 所示。各品类的角色可搭配的品类战略可参考表 9－3。

表 9－2　品类战略

商品类别	商品化计划	陈列计划	定价计划
(1) 每种功能类别可涵盖多少品项 (2) 每种品项可涵盖多少功能类别 (3) 增加或减少品牌/品项	(1) 何种营销企划能有效地发展该品类? (2) 该品类的 DM 摆放与更新频率 (3) 该品类推陈出新速率 (4) 通过 DM 发送能否提升该品类业绩 (5) 共同合作开发商业化计划的机会	(1) 决定主要品牌/品项的陈列与摆设位置 (2) 摆放区位需能衬托主要商品特性 (3) 是否可通过陈列 DM 以增加陈列空间的利用率	(1) 需调查品类的消费需求弹性 (2) 须参考竞争对手于某类似品牌/规格的价格 (3) 具竞争力的品类相关定价可适度调高定价

资料来源：Price Water House Coopers 顾问公司．品类管理种子人才培训课程。

表 9－3　品类战略的应用

品类角色	货架安排	陈　列	定　价
普遍性角色	最显眼的货架位置及空间	显眼/经常实行的陈列方式	具竞争力/一致性的定价
特殊性角色	货架位置平均分散于卖场之间	一般性/经常性的陈列方式	具市场领导的定价

（续）

品类角色	货架安排	陈　列	定　价
偶发性角色	一般性的位置	显眼/便于取用的陈列方式	接近竞争者的定价（可略高）
季节性角色	好的/显眼位置/人潮必经之地	季节性/暂时性陈列方式	具季节性/竞争性的定价
便利性角色	有空间可供摆放即可	便于取用的陈列方式	接近竞争者的定价（可略高）

资料来源：周春芳．流通现代化与电子商务。

7. 实施品类管理

按上述步骤进行规划后，便要实际导入上线运作。虽然一切都已确实规划完毕，但因品类管理涉及层面十分复杂，故现场执行上仍可能有许多问题需要各层级共同克服，因此公司高层主管的支持及参与尤为重要。公司导入品类管理可先从单一品类开始着手，一方面可先行发现有哪些问题亟须解决，另一方面更可以熟悉品类管理的经营模式，积累问题的解决经验。除了可提升问题解决能力外，更可增进成员的向心力，对公司成长具有相当程度的贡献。

品类管理主要目的在为消费者创造优质购物环境，提供消费者多样化的产品选择，并能够在有效管理下增加销售业绩，维持零缺货，创造供货商、零售商与消费者三赢的局面。

我们从现代化商店管理的经验中发现，以低成本并且能够有提供多种类的商品十分重要。依照前面所说的品类管理，根据不同品类的产品对企业利润贡献度或策略重要性，可将商品分类为最优选、满意选、较佳选与一般选四种（表 9－4）。

表 9－4　不同品类商品的管理建议

	备货	上架	定价	采购
最优选	全方位	主架位/空间	领导价位	最频繁

（续）

	备货	上架	定价	采购
满意选	多方位	一般架位/空间	具竞争力的价位	高频次
较佳选	依时机点备货	人潮必经的地点	具竞争力/考虑季节性的价位	依时机采购
一般选	重点备货	如果还有空间	接近低价竞争	低频次

（1）最优选品类。该商品能持续令顾客有物超所值的感觉，企业的经营策略是要让顾客对该类商品产生需求时，一定会想到自己。

（2）满意选品类。该商品能持续令顾客有满意的感觉，企业的经营策略是要让顾客对该类商品产生需求时，会优先考虑到自己。

（3）较佳选品类。该商品能经常令顾客有不吃亏的感觉，企业的经营策略是要让顾客对该类商品产生需求时，会想到自己。

（4）一般选品类。该商品令顾客感觉还算差强人意，企业的经营策略是要让顾对该类商品产生需求时，会考虑到自己。

9.3 供货商替零售商实施品类管理的条件

供货商替零售商实施品类管理应具备的条件有：

（1）互信。供货商与零售商之间的合作关系需建立在互信的基础上。

（2）评估实施品类管理的能力。公司需具备足够的能力才能有效地协助零售商执行品类管理，并从中分析市场需求。

（3）高层主管的支持。品类管理并非一般公司内部业务，它需要与零售商等合作伙伴通力合作方可完成，一旦遇到重大问题或瓶颈，常需要高层主管的支持。故高层主管的支持对推行品类管理非常重要，有高层主管的承诺才能使整个品类管理计划顺利实施。

（4）设置专职品类管理经理人执行品类管理

（5）作业流程的改变。为因应可能与合作伙伴间既有作业流程不尽相同，作业流程需作适度改变以相互配合。例如，加强公司内部业务单位与采购单位间的互动性，加强与客户的业务单位及采购单位往来密切性，皆有助于推广品类管理。

（6）进行内部自我评量。依照各品类的不同特性采取相对应的策略。

（7）信息科技的运用。例如，货架空间管理软件、POS 系统的使用。

9.4 卖场管理

卖场管理主要目的有二：提高来客数及客单价，借此获得更大的利润。因此所谓的店头生财三宝：人、商品、设备，都属于广义的卖场管理领域。在本章仅就狭义面的卖场管理来探讨，针对卖场基本管理作业——服务、清洁、陈列作最佳的规划和运作。

9.4.1 卖场管理的原则

卖场基本管理包括：人员的服务、卖场的清洁、商品的陈列。

消费者是否能够满意店员的服务态度，消费者与店员间能否保有良好的沟通，卖场内外的清洁是否做好，各项生财设备是否正常可用及清洁状况，商品陈列情况是否方便消费者选用等，都会直接或间接地影响商店的形象、来客数、客单价及再次光临的几率。

由此可知，卖场管理的目的之一，是要提高来客数及客单价，而来客数及客单价是创造营业额的两项主要因素，这部分主要是在于提升业绩，属于积极的开源。而卖场基本管理的另一个目的，则是提升效率，属于消极的节流。而进行卖场基本管理作业的原则为 KISS（keep it simple and stupid）概念与 3S 原则（something special，something different，something new）。

在管理原则上要有 KISS 的概念，意思是管理应该要标准化、单纯化及自动化，尽量使用一些符号、代码来取代冗长的文字叙述以协助管理，及使用颜色管理、数字管理等手法，如此才能简单、方便、清楚地进行管理作业，使作业人员及管理者都能一目了然。

以清洁作业为例，假如我们利用绿色表示清洁状况良好、黄色表示有待改进，而红色表示很脏乱来制作清洁状况表，管理者就可以很容易知道那里的清洁状况需加强，何时的清洁作业做得不够等信息，这样更易于督导。

而管理标准化的目的在于，有一致性的标准，店员有遵循的依据，不致发生模棱两可、无所适从的现象。因此要将各种作业要求清楚地写下，建立明确的标准作业流程书等书面依据；并简化各项作业程序，让店职员容易“照章行事”，如此单纯化作业才容易使店职员习惯标准作业，而维持一定的服务水平；管理自动化即引进适当的自动化软硬件设备，导入销售时点系统、电子订货系统，如此不但可增加作业效率，还可迅速收集各项有用信息提供管理决策时参考。

另外在商品差异化方面要掌握 3S 原则。如在便利商店自助区或是其他货架上，常有新鲜、奇特的商品推出；或是增加代收各项电信费用、停车费、代客冲印、快递、设置自动柜员机等服务，若附近的店家并未有此类服务，很容易就可凸显出本店的特色，而吸引顾客进门。一般来说，电视上正猛打广告的商品，即属于“新”产品；或是季节性商品机动更新，也符合“新”的原则；或是在商品的组合上，有不同于以往的巧思，也算是“新”的。而为维持商品的差异化，不但要不断引进“新”的商品，更要是特别的、独家的。

9.4.2 服务

消费者喜欢来店的原因之中，服务因素占有一成以上的影响力。亲切的服务能够让顾客有“宾至如归”的感觉，而乐意再次光临。亲切的服务有赖以下几点原则：

1. 留意待客用语

常使用“您好”、“欢迎光临”、“请稍候”、“是的”、“对不起”、“抱歉”、“让您久等”、“先生（小姐）您的发票”、“祝您中奖”、“谢谢惠顾，欢迎再来”等待客用语，以营造商店亲切愉悦的购物环境。在问候顾客的同时，仍须留意以下几点说明：

（1）要表示欢迎。并尽量记住顾客的名字、特征、习惯，让他（她）感受到被尊重的感觉。“欢迎光临”是在不认识来客的姓名时才说的，如认识来客，代之以“陈妈妈早！跟昨天一样吗?”“林小姐您好，刚下班吗?”之类的问候语会更好；又如顾客使用信用卡时，可说“罗小姐，麻烦您在这签一下名”，还顾客信用卡时可说“罗小姐，您的信用卡及发票…”

（2）要适时给予祝福；例如“孔小姐，这是您的发票，祝您中奖”等。

（3）要给等待服务的消费者知道你已注意到他，请他（她）再稍候，同时要对顾客的等候给予致歉。

（4）对顾客的问题要以肯定的语气口答。

2. 力行服务 5S

所谓服务 5S，就是要服务迅速（speed）、要面带微笑（smile）、应对要机警（smart）、适时表现诚挚态度（sincerity）、对店内商品要有概括的认识（study）。

3. 适时提供协助

适时提供消费者相关产品的购买，或是新产品的介绍，都会让消费者感受到尊重与关怀。避免在顾客发问时以否定语气回答，如不知道、不行等，因此平时需多留意。

4. 缺货处理原则

当顾客所欲购买的商品正好售完时，应先表示歉意，接着告知顾客该商品何时会进货，甚至建议其他替代性商品。

5. 客诉处理原则

当客诉发生时，应该要诚恳地关心顾客的感受，不可忙着推诿责任；仔细听其叙述后，参考其意愿给予换货或退款等处理，必要时应给予额外的补偿。

9.4.3 卖场

1. 店头外观的重要性

招牌须定期维护、招牌灯定期维修，橱窗时时保持干净明亮，地板应勤清扫、不随意堆放杂物，商品广告或POP不乱贴、过期的文宣应撤下等，这些对商店的外观都有很大的影响。

2. 卖场内部环境

（1）生财设备的清洁与简易维护。所谓生财设备是指热狗机、蒸包机、热罐机、咖啡机、面包保温箱、红茶机、冰淇淋机、汽水机、冷冻碳酸饮料机（FCB）、乐透冰机、制冰机、微波炉、热水机、冰柜等，这些生财设备都与食品有关，因此清洁功夫不能马虎，否则易使食品毁坏、孳生细菌、产生异味。当然，更是不能因为故障而导致该热的不热、该冷的不冷，而使顾客抱怨连连，因而平时的维护保养是相当重要的。

（2）货架运用情形。店家有时因为卖场面积不足，因而增加各种端架、网架、吊架，或在冰箱上的特殊货架等，可能会破坏原先整体的设计，造成卖场的拥挤零乱，而影响清洁工作的执行，甚至造成顾客的不便，因此应特别留意货架的使用情形。

（3）维持走道的顺畅。在开店规划时，在货架数量、动线规划、走道宽度上，都会经过评估设计。但是经营一段时间后，常因陈列数量增加或疏忽而造成商品落地陈列、四处随意堆积或是挡住走道，将造成消费者购物时的不便。

(4) 卖场气氛的营造。营造良好的卖场气氛，除可提升其形象外，亦有增加来客数的效果，且对于提高客单价亦有帮助。卖场气氛的营造包括适宜的空调、音乐、适当的产品海报或POP，但张贴过多的海报，可能会给消费者造成不适的现象，甚或让主题模糊。

9.4.4 商品陈列

1. 商品陈列的目的

(1) 刺激购买意愿。多数消费者回到家后，在面对所购买的商品时常发现额外购买本来并不需要的物品。会发生这种现象，主要是由于消费者流连于便利商店时，常会产生“未知的临时需求”进而发生购买行为。因此若能在消费者常走动或视线区域佳的好位置摆放重点商品，将可达到较佳的销售效果。通常这类位置位于走道两端的货架、柜台区或收款机旁等。

(2) 提高产品周转率。商品陈列最主要的目的在于“引发消费行为，促成销售”，进而提升商品的周转率。

(3) 提升商业形象。好的商品陈列设计，是让产品易找、易看、易取。根据市场调查的结果显示，消费者喜欢来店的主要原因有：店内气氛（占30%），可自由且容易选购商品（占25%），流行商品齐全（占15%），整体环境整洁明亮（占13%），人员服务（占10%）等五项。其中与商品陈列方式相关者占了四分之一，可见商品陈列的重要性。

2. 商品陈列的方式

一般在店面中常见的商品陈列方式有下列几种：

(1) 横向商品陈列方式。将同类商品做横向陈列。其优点在于可将消费者诱导至商品陈列的深处，缺点则在于消费者挑选商品时，必须沿货架作水平式移动带来不便。

(2) 纵向商品陈列方式。将同类商品纵向式陈列，消费者眼睛仅需上下观看便可进行选购。相较于横向商品陈列，此法更有效率，可赋予商品易找、易看、易取的特性。

(3) 关联性商品陈列方式。将消费者在日常生活中，使用上有互补性的商品陈列在一起，或是将彼此有关联性的商品群陈列于邻近货架或排面上。譬如，枕头与枕套，如此不但能提醒消费者两商品的关联性，亦让其易找、易看、易取。又如在冷冻、冷藏柜附近或玻璃门上摆放鱿鱼丝、小鱼干等零食使其与饮料结合。

(4) 促销商品的陈列方式。此指因应促销活动而做的落地陈列。常见的做法是暂时移开回转率较小的商品，改以该促销活动的主力商品取代。

(5) 无陈列商品的陈列方式。为应对日渐高涨的营运要素成本，并在有限的空间内，加强商品结构与特性的表现，部分厂商已开始采用无陈列商品陈列方式。譬如生活工厂柜台提供部分大型产品 DM，而不摆设实物，亦是一种商品陈列方式。

(6) 其他商品的陈列方式。除上述商品陈列方式外，尚有为降低失窃风险，而将高单价、体积小的商品陈列于视线内的防窃陈列方式。也有将特殊规格的产品陈列于儿童不易取得或不妨碍到消费者选购其他产品的陈列方式。

3. 商品陈列宽度

一般消费者通常站在离货架约 70 厘米的地方选购商品。而人的视野宽度在 120 度左右，其中看得最清楚的部分则在 60 度左右。因此，如果在离开货架 70 厘米处，最有效的视野幅度约是 100 厘米的陈列宽度。

4. 商品陈列高度

根据调查显示，商品陈列位置的变动对其销售额的影响甚大。有些商品将其由货架最底层调放至最高层时，销售额约有 13%的增长。将其由第 3 层，往上调高 1 层，增长 10%。反之，将某些产品的摆设位置由上面第二层，往下调降一至二层，亦会对销售量造成 20%～45%不等的增长。

一般而言，在消费者视线向上 10 度，与向下 20 度之间是货架的“钻石区”。对身高约 180 厘米的消费者而言，钻石区应是在由地面算起约 150～210 厘米之间（假设该消费者习惯于离货架约 70 厘米）。以五层货架来说，钻石区一般位于由上往下数第一层与第三层货架之间。但钻石区并非唯一，而是取决于该卖场的消费群。

5. 决定商品陈列空间／数量

卖场空间有限，故商品陈列空间与陈列数量取决于该依商品所能创造的销售业绩及利润。销售量愈大、回转愈快的商品通常占据愈大的陈列空间；反之，若该商品无法带来合理利润，将会被缩小陈列空间，甚至下架。

6. 商品陈列面

陈列面是指货架上整个商品排在最前沿的排面，好的陈列面不但能显现出商品的质量及丰富感，更能促进消费者购买欲望。故在陈列商品时，一并考虑商品外观与整体性来调整排面，除了整齐一致外，还能给予消费者鲜明、活泼的感受。

9.5 商品管理

日本 MCR 协会曾对便利商店的经营者进行一项卖场管理的相关调查，根据调查的结果显示，最令管理者深感困扰的因素，依序为数据（36%）、劳务（34%）、商品（19%）、顾客应对（7%）、店铺庶务（4%）。其中数据及商品两项便占了二分之一多，商品的销售与管理对卖场管理的重要性可见一斑。

便利商店在尚未导入电子订货系统（Electronic Order System，EOS）或销售时点情报管理系统（Pointing Order System，POS）时，对销售数据较不易掌握。此时我们可利用数种颜色的标价纸，依商品进货时间的不同各以不同的颜色标价纸标价。譬如：1 月份至 6 月份依序以青色、红色、蓝色、黄色、橘色、绿色等六种颜色的标价纸进行标价，待 7 月之后进货时又回到以青色标价纸依序标价。若标价时发现某颜色标价的商品仍有许多库存时，即表示该商品因回转速率太慢而滞销，或是订货量过大必须调整，而且可提醒管理者适时注意其商品鲜度的管理。

长效性的商品可以六色标价纸进行管理，在商品进货入库时抽验其制造日期与保存期限，并且做好先进先出的管控以确保商品鲜度。时效性较短的商品，尤其是日配品如面包、水果、熟食等商品，更应注意其保存期限，并规定夜班人员于每晚将有效期限至当天截止的商品移出货架，并补充新鲜商品。

由于便利商店陈列空间有限，故在消除滞销商品之外，还应积极掌握畅销商品的销售状况。一般可采用 ABC 分析法或畅销商品分类法，找出畅销品，并积极掌握其销售状况；而后依其畅销程度扩大商品陈列空间，并确保该商品安全库存。此外，我们可在畅销商品货架卡上加注颜色标示以方便定期检查。

此外，卖场在经营一段时间后，其动线安排可能因现场状况变动而略作改动，不需墨守开业之初所规划的动线安排。但改动原则应参照动线规划设计原则，以免产生死角，且店长（独立店）或总部（连锁店）还必须充分掌握是否改动的主权。

10　制商整合的终端管理

——销售时点管理

销售时点（POS）系统对商店的贡献相当多，例如，它可以很便利地帮助我们统计进、销、存方面的问题，可以很快统计出一天下来营运的情形，可以使我们管理方面达到最高的效率。这些都是POS系统帮忙做到的，不仅快而且又准确，POS系统对于整合方面有着很大的帮助。

10.1　绪论

10.1.1　POS系统的定义与沿革

所谓销售时点系统（Point of Sales，POS），是利用一套光学自动阅读与扫描的收款机设备，以取代过去传统式的单一功能收款机，除了能够迅速精确地计算商品货款，进行传统收款机所具有的开立发票、收据销货程序外，并能分门别类的读取及收集各种销售、进货、库存等数据的变化情形，系统所连接的计算机将数据处理、分析后，形成销售信息，提供给经营阶层作为决策的依据。

目前零售业在面对日趋扩张的商品需求量下，必须适应现代化的经营方法，所以朝向大型化、连锁化是必然的趋势。POS系统的应用，可以有效地降低管理成本，提升作业效率，更使商店能够充分掌握营运绩效。

狭义的POS系统范围，仅限于销售管理，也就是利用收款机与条形码、IC卡等电子信息处理的功能，对商品进行扫描、收银及管理，其目的是在于搜集与分析销售数据，以作为商店销售管理之用。而广义的 POS 系统，除了包含狭义的 POS 系统范围之外，更具有整合进货、销货、存货，以及处理、分析账款等功能的系统。

商务部对 POS 的定义为："将后台商品档的货号、部门、售价及折扣促销商品、变价数据等，经由传输线路送给前台的收款机，使前台可以扫描货号，将每一笔销售出去的商品数据，详细记录下来，并将其利用传输线路传回计算机，这些数据经过精确的计算，可自动扣减库存，计算单品及部门销售毛利、各时段销售统计数据、畅销或滞销数据销售情报。"

由于科技的进步，POS 系统的发展也跟着日新月异，从最早时期只是为了代替人工计算到现在拥有复杂的功能，POS 系统可以分成下列五个阶段：

（1）非 POS 时代。此时只是想要利用一些工具，来帮助收银员结账的工作能够更准确及快速，如使用算盘或计算器来代替人员心算的作业。

（2）第一代 POS 时代。属于机械式的收款机（Cash register），所具备的功能除了收银外，还可以开立收据，但还没有搜集数据的功能。

（3）第二代 POS 时代。属于电子式的收款机（Electronic cash register，ECR），此时的 POS 系统和当时流行的 XT 个人计算机联机，可收集销售数据，作数量、金额等简单的分析，但系统安全、稳定性方面仍不足，附加的功能也有限。

（4）第三代 POS 时代。智能型的 POS 系统（Smart POS），改进第二代 POS 系统，也加入了人性化的人机接口，功能加强许多。已可分为前、后台来使用，前台负责所有交易收银的动作，并记录所有的交易数据，提供后台做各种分析及打印报表提供管理者做决策。

（5）第四代 POS 时代。朝着网络连线作业、加值网络的服务及多媒体功能等方向发展。

10.1.2 POS系统的主要功能

1. 实时掌握销售情况

可预先针对店铺、商品类别或单品设定目标，随时查阅销售的达标率。以前所使用的电子式收款机只能进行部门类别的分析，而通过POS系统，可以精确到单品的分析，同时也可实时掌握销售及库存的情形。

2. 立即区分畅销品及滞销品

商品种类非常多，通过POS系统可立即找出畅销品及滞销品，再进行适当调整商品的库存量及摆放位置，以提高销售业绩、降低成本及提高顾客满意度。

以往在管理商品库存时，一般皆采用ABC分类来进行管理，而采用POS系统之后，不但数据更为精确，同时也可以进行"单品分析"，针对每项商品都能充分地掌握销售情况。

3. 自动控制商品在适当的库存量

一般商店的库存管理是由商家每天查看货架，了解所卖出的商品后，再向总公司或供货商订货，相当费时费力；但是导入POS系统后，可依商品的销售特性，决定适当的订货方式，以维持商品数量在最适当的范围内。

4. 使卖场的使用更有效率

经由POS系统的销售分析，可以了解任何货架上所摆放的商品及销售情形等数据，根据此信息来调整货架摆放的商品种类及数量，以提高货架的使用效率。

5. 进行机动特卖

根据以往的促销数据、商品的保存期限等信息，决定要降价或进行特卖促销的商品，以增加销售量及买气。

6. 顾客管理

POS系统结合所谓的VIP卡或是认同卡，可进行顾客数据的收集、分析，了解顾客的消费习惯，可发 DM 给适当的消费群，进行特定商品的宣传促销；然后再收集消费者前来购买促销品的情形，进行分析、调整，作为下次活动的参考。

10.1.3 POS 与传统收款机的比较

POS 系统是商业流通活动的过程中相当重要的角色之一，它为经营业者提供所需的各种基本数据，是商业流通最前端的一个系统。在市场环境急剧变化下，传统的收款机已经很难应付实际的使用状况，而 POS 系统的各项优点，正好可以满足市场的使用需求，让业者能充分掌握市场商情、增加竞争力。POS 系统与传统的收款机两者之间的差异如表 10－1 说明：

表 10－1　POS 系统与传统的收款机的差异

项目	POS 系统	传统的收款机
功能性	可单机作业或连线作业，因而可不受主机任何作业的影响。	主机出状况时，收款机便无法发挥功能。
联机方式	直接与主机相连接，无需繁杂的外围辅助。	需通过其他外围辅助文件，较易造成销售数据损坏或流失。
储存容量	依硬盘容量大小决定，另可将数据永久备份于磁带或光盘中，更可无限增加储存容量。	受限于电路的设计，无法容纳太多商品主文件及销售数据，需每日清机。
安全管制	可事先订定各种安全系统，不易舞弊。	无安全管控功能，操作人员容易舞弊。
数据管理	已事先于计算机系统中设定，管理及数据资料容易，未经授权无法任意修改数据，可避免操作人员误操作	PLU 容易修改，结账金额交接时，记账处理准确度低。
信用管理	可事先将会员卡号及基本数据建文件，提高稽核功能。	人为查询，作业费时、费力。

（续）

项目	POS 系统	传统的收款机
操作方法	由扫描器读条形码及单品计价一次完成，操作简便。	未必所有机型均可外接 CCD。
维护	零件容易取得，维护容易。	机械电子故障率高，零件取得不易，维护困难。
系统弹性	程序易修改，功能多元化。	功能单一，不易修改。
成长性	采 PC BASE 架构，可外接多种外围，容易将 PC 升级，不会有任何成长兼容问题。	容易产生新机种与旧机种不相容的情形。

资料来源：修改自《神州计算机》。

10.1.4 POS 系统的效益

导入 POS 系统，将商品处理时间缩短，并减少收银时可能会发生的错误，是其最初步的效益。除此之外，POS 系统还有其他重要的效益，分述如下：

（1）简化收银作业，以防止人员的作业疏失或舞弊。

（2）减少重复作业。

（3）搜集各种商品与商情信息，以利于管理者作为营销策略与发展方针的改善。

（4）将进货、销货、存货及采购管理等作业制度化、合理化。

POS 系统在经过一段时间的使用之后，除了享受到它的便利之外，还发现到一些当初未料到的问题，以下列出 POS 系统应用后的优缺点供大家参考：

1. 优点

使用 POS 系统的好处有：

（1）结账时不需人工键入商品价格，可避免人为疏忽的错误，并可加速结账速度，提高服务质量。

(2) 容易查出收银员是否利用收款机上的折扣、折让、退货键进行舞弊，因此可有效避免收银员的舞弊行为。

(3) 随时维持适当的库存，加速商品流动周期，配合后台自动采购程序。

(4) 可分析商品特性，调整商品组合。

(5) 容易追踪评估新产品的销售情形。

(6) 可进行实时促销、打折、利润评估。

(7) 可分析每日、月、季的销售毛利，以进行利润管理、盈亏分析。

(8) 因能够充分掌握畅销品，故可尽早进货，避免卖场缺货。

(9) 对于滞销品，减少进货以改善仓库呆货，增进仓库效率。

(10) 通过时段分析调整各时段人力或变更营业时间。

(11) 容易加快连锁经营稳定扩张的速度，增加边际效益。

(12) 其无形效益如：管理合理化、节省时间、分析报表的应用等。

2. 缺点

日本在大量且长时间的运用 POS 系统后，渐渐地发现了一些后遗症，即商品差异化变小、商品的汰旧换新变慢，同一地域内的两家便利商店都使用 POS 系统，经过三年后两家商店的商品结构会有 95％雷同，因而降低顾客的选择性，顾客只是到距离近的商店进行消费，反正两家的商品都差不多。

另外，不断地在畅销品与滞销品之间打转，但却无法获得没有卖掉的商品的信息，也许真正的畅销品店内并没有卖，因而未发现到；而店内只卖所谓的畅销品却也可能会使顾客失去新鲜感。

10.2　POS 系统基本架构

POS 系统可概分为硬件与软件两大部分，硬件又可按照作业顺序分成前台与后台，前台系指利用电子收银设备处理销售、结账、退货、开具发票的柜台作业；后台则包含有内部进货、存货销售分析、会计等各项分析管理作业。

前台的功能包括：

(1) 收银作业：为前台收银、结账付款及打印发票等。

(2) 交易查询：商品销售实时性查询。

(3) 交班结账：收银人员交班金额的处理方式。

(4) 收银备忘：收银人员的备忘记录。

(5) 收银练习：学习销售操作的功能。

(6) 收银设定：销售环境的设定。

后台的功能有：

(1) 基本数据管理：部门基本管理、厂商基本管理、商品库存管理、收银人员管理、会员基本管理、收银折扣管理、商品变价管理、PLU 商品设定。

(2) 采购进货管理：采购订单作业、商品进货作业、商品进货统计。

(3) 账款统计管理：厂商账款统计。

(4) 库存盘点管理：库存盘点作业。

(5) 收银数据管理：收银明细管理。

(6) 盈亏分析数据管理：每日盈亏分析、每月盈亏分析。

(7) 销售分析管理：销售统计分析。

(8) 销售过程管理：日结月结作业。

(9) 使用者管理：操作代号密码。

(10) 系统数据管理：数据维护作业。

POS 系统整体架构的关联，可以由图 10-1 来清楚了解。

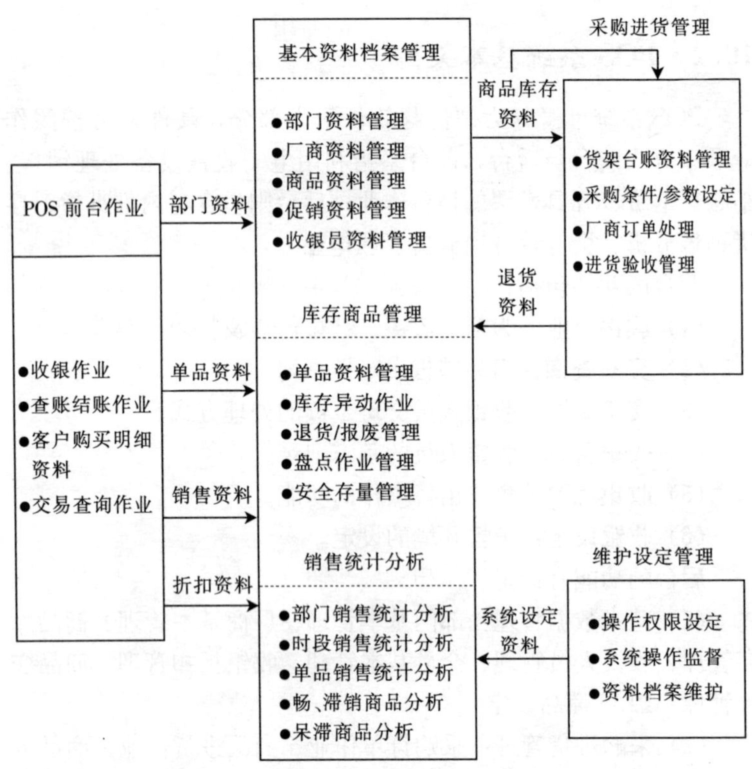

图 10-1　POS 系统关联

POS 系统的软硬件设备的架构：

（1）商品条形码：商品条形码是 POS 系统中最重要的基础。

（2）条形码阅读机：此机器是用来取代人工输入的工作。

（3）POS 收款机：一般的柜台作业，即是运用 POS 收款机来作收银作业。

（4）个人计算机：计算机及 POS 管理软件系统，可以根据个人的喜爱来选购，其可运用在数据维护的工作上，并能通过网络联机，将所需的信息传达到总公司或供货商。

（5）打印机：与个人计算机搭配使用。

（6）调制解调器：可通过网络联机作 EOS 用。

10.3　POS 系统导入程序

POS 系统和其他管理制度一样，在准备导入公司时，事先必须要有完全的准备、制定相关的作业规范及持续性的追踪等。以下我们采用系统发展生命周期法（System Development Life Cycle，SDLC）来说明整个 POS 系统导入的程序。系统发展生命周期法，一般来说可分为四个阶段进行：

1. 分析阶段

POS 导入之前要先成立项目小组，由相关部门主管，如信息、业务、财务、采购等部门组成，然后开始进行 POS 系统导入的分析工作。主要的工作项目如下：

（1）调查公司的需要。由项目小组人员及公司高级主管人员开会讨论、调查，以确定公司真正的需求。

（2）初步研究调查。进一步至各单位与现场人员面谈，调查了解现行系统的作业方式及实际使用情形，研究现行的系统功能与作业，发现可改进或有问题的地方。

（3）可行性研究。依照公司实际的需求与特性，提出合理且可行的改进系统，并评估各个方案的成本与效益。

（4）详细分析。分析公司现行系统的输出输入数据及窗体，确定新系统的输出窗体格式及相关的各项信息处理流程。

2. 设计阶段

经过分析阶段，确定可行的新系统后，导入程序进入设计阶段的工作。

● 工作内容：

（1）系统设计。确定新应用系统所使用的硬件及将采用的开发工具。

（2）制定程序规格。规定应用系统中各段程序的功能、规格。

（3）数据转换计划。收集输入数据及旧系统内的数据，评估转换到新系统的方式。

（4）人工操作及程序。设立相关人员的作业规范，并制订参考手册及训练计划。

（5）系统测试计划。列出将来测试系统时所应注意的地方及测试方式并准备相关数据。

● 系统目标：

（1）符合使用者实际需求。

（2）能自动监测错误，并有防错装置。

（3）提升生产力。

（4）系统的修正、维护简单易行。

（5）系统的维护费用减至最低。

（6）系统的开发需及时完成且所有功能皆能正常执行。

● 技术方法：

（1）输出输入报表格式设定。良好的窗体型式及内容设计，对于管理者做决策或是操作人员执行业务时有事半功倍的功效，且其影响层面相当大。因此在系统设计时，需特别小心设定各种窗体格式。通常是由项目小组和公司各阶层管理人员共同决定输出规格，再根据输出要求及处理流程决定输入规格。输出规格设定的工作项目有：决定窗体的形式、决定输出报表的内容及各项目之间的关系、考虑现行需要、检核现行系统关于历史数据的准确性、决定报表处理周期与打印张数、决定报表的媒体、在报表定案前是否已经得到使用单位的认可等。而输入规格的设定，主要是根据输出报表的要求而设定，因此在检核所设计的输入窗体时，需符合下列要求：哪些记录是需要的、文件流程是否合乎逻辑、各项目之间是否选择最好的排列、报表名称是否清晰易懂、空格是否合适、报表格式是否符合公司标准、哪些文件可合并、每一报表的复制是否完全、是否经使用单位认可、是否经提供单位认可等。

（2）编码工作。编码工作是将常用的名词或文字编成简短的数字来代表，其主要目的在于容易记录、公司内数据能够统一、节省储存的位数，而最重要的是方便将数据输入计算机及让计算机容易识别对象与项目简单执行。编码所需的条件为：适合计算机运算的规格、要易记且能够有意义为佳、需考虑变更及增加的需求、具永续性。

代码在 POS 系统导入中占有相当重要的地位。在 POS 系统中，有关的代码有以下几种：

①商品代码：一般是指商品条形码。目前食品、日用杂货类原印条形码的普及率已达 90％以上，而公司在店内条形码的编制上应符合大、中、小分类的原则。

②收款机代码：每部 POS 都要编号以便记录各项数据、检核及处理各种状况。

③单位代码：公司内部各部门或利润中心等都予以编码以利于内部管理与数据分析处理的作业。

④营业员与员工代码：销售人员的绩效及排班等作业处理时使用。

⑤顾客代码：利用发行贵宾卡、认同卡、预付卡或信用卡等都必须建立其代码，以供建档及查询时的识别。

⑥厂商代码：供货商的代码，方便记录与联络供货商。

⑦其他代码：如柜号、交易类别代号等。

另外作业参考手册的制订也是设计阶段中极为重要的工作。作业参考手册乃是针对系统的使用人员与维护人员等编制，可分为以下几类：

①操作使用手册：操作 POS 系统的使用方法。

②系统使用手册：包含 POS 系统的软硬件架构及各系统的

使用说明。

③业务规范手册：包含各项业务处理流程、窗体管理办法。

3. 执行阶段

执行阶段内容主要的工作内容为：

(1) 程序开发。根据共同的程序规格及窗体格式，由一或多位程序设计师撰写程序。

(2) 数据转换。根据前一阶段所拟的数据转换计划，将公司各项输入数据与旧数据转换成新系统的格式。

(3) 系统测试。根据前面所拟的测试计划，将所有开发的系统加以测试。

(4) 教育训练。根据标准作业程序及所拟定的教育训练计划，训练公司相关人员，使其能有效地执行与操作新系统。

(5) 系统转换。一般而言，新旧系统转换有两种方式：一种是直接转换，另一种为并行转换。直接转换的缺点为风险较高，因此在作系统测试时需费时作完整测试以确保新系统正常运行；而并行转换的缺点是增加了工作人员的负担，在转换的过程中需同时操作新旧系统。

4. 评估阶段

系统评估阶段最主要的目的就是要确定系统能够满足各项需求。因此当新系统开始上线操作时，项目人员就必须对主管人员、操作人员等面谈及实际观察，了解他们对整个系统的满意度及操作状况，对新系统的效益与成本加以评估，并提出建议，作为系统扩建或改进时的参考。

10.4 条形码系统

商品条形码（Bar Code）是推动商业自动化的基础，通过商品条形码我们很容易搜集到商品的各项信息，再经由信息管理系统进行统计分析，得到各种有用的情报，协助制造商、批发商及零售商提升经营管理的绩效。经由建立完整的商品条形码系统，不仅可以让商品末端作业处理效率化，更可以使企业与企业间的流通、国家与国家间的每项商品，不会有冲突、重复的情形，商品流通处理的效率可以大幅提升。

10.4.1　条形码的意义

所谓商品条形码，就是将代表商品的数字型编号，依据特定的编码原则改为并行线条的符号来代表，方便让装有光学扫描阅读器的机器读取，然后再经过计算机进行译码后，还原回原来的“数字编号”，再通过信息系统进行各种处理程序。其主要的目的是作为商品从制造端开始，经过批发一直到销售，这一连串的作业流程中商品管理能够更迅速、正确，降低成本及确保数据输入无误。图 10－2 是商品条形码的构成。

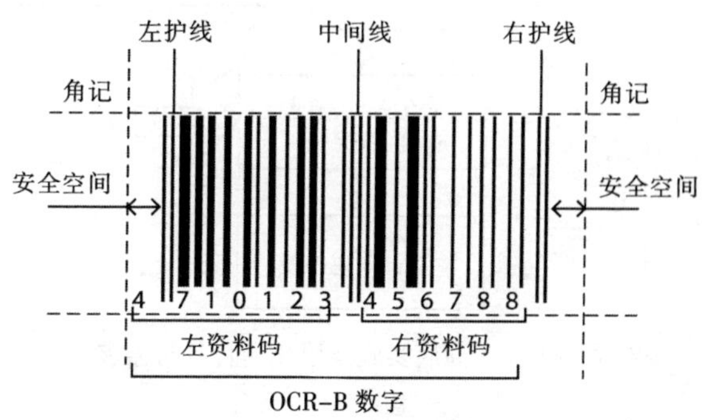

图 10－2　条码结构

10.4.2　商品条形码与商业自动化

条形码是自动化辨识的基础，要推动商业自动化的系统，就不能没有商品条形码。面对种类愈来愈多的商品，以往所采用的人工化作业方式，已无法满足顾客多变、多样性的需求，必须借助计算机化的经营管理模式才能有效处理（图 10－3）。

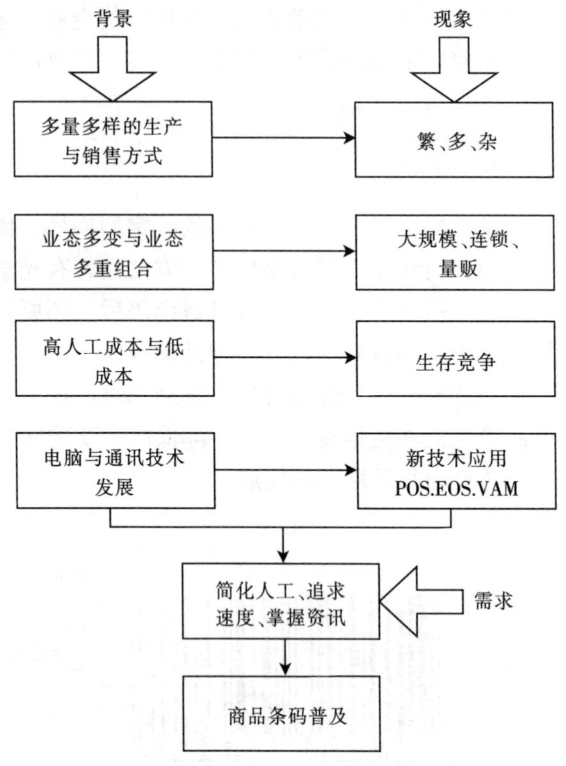

图 10－3　商店实施条码化的背景与需求

10.4.3　商品条形码的起源与相关组织

最早开始使用条形码是在制造业，目前国际商品条形码主要分为两大系统。20 世纪 60 年代美国经济快速的发展，促使消费市场进入所谓的成熟期，全美食品联盟协会（FMI）在 1965 年成立国际号码（Universal Code）开发协会，开始着手进行业界统一性编码的研究工作，以满足合理化管理的需求。到了 1973 年，美国超级市场公会（Super Market Institute）开始正式使用第一套商业条形码，称为 UPC（Universal Product Code）条形码系统。由于它的方便与处理迅速，很快地便在美国、加拿大地区被广泛运用，这是条形码的第一种系统。

UPC 在美、加地区造成一股风潮后，欧洲各国也纷纷引进条形码的概念与技术。1977 年，由 12 个欧洲工业国家的制造商及配销商代表，参考 UPC 条形码的制作方式，另外发展出一套条形码系统，初期只以欧洲国家为主体，故称为 EAN（European Article Number）码，并在比利时首都——布鲁塞尔设立永久会址，此为条形码的第二种系统。后来，该编码组织的会员国扩及欧洲以外的国家，也因此变成了国际性组织，因而在 1981 年更改其名称为国际商品条形码协会（International Article Numbering Association，简称 IANA）。

1990 年 IANA 与美国编码协会（UCC）签署共同协议，通过差异管理让 UPC 与 EAN 码能够兼容，EAN 编码系统变成了世界通用的编码体系。至今，已有 93 个国家加入该组织，兹将各国所取得的国家代码列示于表 10 - 2。

表 10 - 2 EAN 国际条形码各国国家代码

国码	国名	国码	国名	国码	国名
00 - 13	美国、加拿大	474	爱沙尼亚	487	哈萨克
20 - 29	店内码	475	拉脱维亚	489	中国香港
30 - 37	法国	476	阿塞拜疆	50	英国
380	保加利亚	477	立陶宛	520	希腊
383	斯洛丹尼亚	479	斯里兰卡	528	黎巴嫩
385	克罗埃西亚	480	菲律宾	529	塞浦路斯
387	波西尼亚、赫塞哥维亚	481	白俄罗斯	531	马其顿
400 - 440	德国	482	乌克兰	535	马耳他
45＋49	日本	484	摩尔多瓦	539	爱尔兰
460 - 469	俄罗斯	485	亚美尼亚	54	比利时、卢森堡
471	中国台湾地区	486	佐治亚共和国	560	葡萄牙

（续）

国码	国名	国码	国名	国码	国名
569	冰岛	742	哥斯达黎加	859	捷克
57	丹麦	743	尼加拉瓜	860	南斯拉夫
590	波兰	744	洪都拉斯	867	朝鲜
594	罗马尼亚	745	巴拿马	869	土耳其
599	匈牙利	746	多米尼加共和国	87	荷兰
600-601	南非	750	墨西哥	880	韩国
609	摩里西斯	759	委内瑞拉	885	泰国
611	摩洛哥	76	瑞士	888	新加坡
613	阿尔及利亚	770	哥伦比亚	890	印度
619	突尼西亚	773	乌拉圭	893	越南
621	叙利亚	775	秘鲁	899	印度尼西亚
622	埃及	777	玻利维亚	90-91	奥地利
625	约旦	779	阿根廷	93	澳洲
626	伊朗	780	智利	94	新西兰
628	沙特阿拉伯	784	巴拉圭	955	马来西亚
64	芬兰	786	厄圭多尔	977	ISSN 期刊
690-692	中国内地	978	ISBN 书码	979	ISBN+ISMN
70	挪威	789	巴西	980	退款收据
729	以色列	80-83	意大利	981-982	礼券
73	瑞典	84	西班牙	99	赠券、折价券
740	危地马拉	850	古巴		
741	萨尔瓦多	858	斯洛伐克		

10.5 条形码系统的分类

常见的条形码如图 10 - 4 所示，包括“消费者单元（Con-

sumer Unit)”及“配销单元（Dispatch Unit)”两类；消费者单元又可再分为“原印条形码（Source Marking)”及“店内条形码（In-store Marking)”两种；而配送单元（Dispatch Unit）主要就是配销条形码。以下就针对各种条形码做一简要的说明。

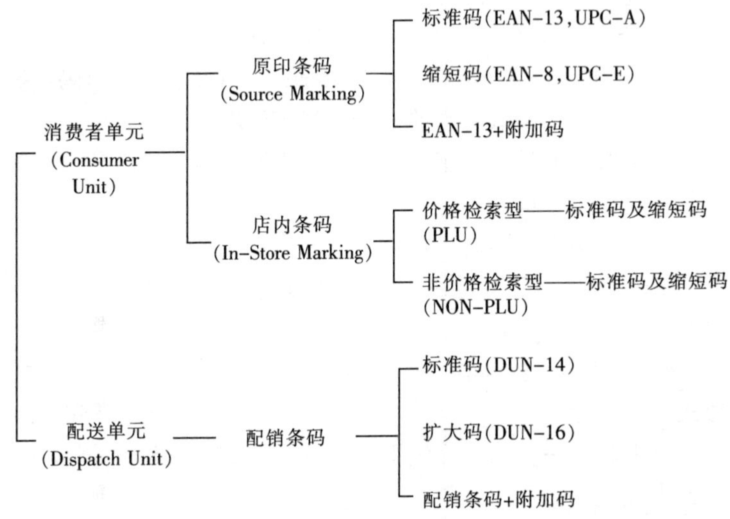

图 10－4　商品条码的特性与结构

10.5.1　原印条形码

原印条形码（Source Marking）是指商品在生产阶段时，就已经印在产品包装上的商品条形码，适用在大量制造的商品，通常是由制造商申请，然后在产品出厂前印妥。例如：饮料、日用品等。

原印条形码可分为 EAN－13 码、EAN－8 码、UPC－A 码及 UPC－E 码等四种，详细说明如下：

1. EAN（European Article Number）**码**

(1) EAN 码的特性。EAN 码具有以下几项特性：

①只能储存 0～9 的数字。

②可进行双向扫描，即条形码可以任意地由左至右或由右至左的方式进行扫描。

③固定有一位的检查码，以避免读取数据时有错误情形发生，检查码位于条形码的最右一位数字。

④具有左护线（Left Guard Pattern）、中线（Center Pattern）及右护线（Right Guard Pattern），用来区隔条形码数据上的不同部分，并撷取适当的安全空间作处理。

⑤条形码的长度固定，比较缺乏弹性，但是经由认定，该条形码可以通用于世界各地。

⑥依结构上的不同，可以再区分为：

● EAN13 码：固定由 13 个数字来组成，是 EAN 的标准编码形式。

● EAN－8 码：固定由 8 个数字组成，是 EAN 的简易编码形式。

以下就进一步的来介绍 EAN－13 及 EAN－8 码的结构和编码的方式。

（2）EAN 码的结构与编码原则。

①标准码 EAN－13（如图 10－5）：

● 标准码共有 13 位数字，是由国家代码、厂商代码、产品代码及检查码所组成。

国家代码（3 位）：是由国际商品条形码总会给各会员国使用，用以代表使用国或管理单位，我国所分配到的代码为“690－692”。

● 厂商代码（4 位）：由厂商向条形码策进会（CAN）申请核发，用以代表各申请厂商。

● 产品代码（5 位）：由各申请厂商自由设定，用以代表各单项商品。

● 检查核（1 位）：由前面的 12 位数字依特定的计算公式运

算而得，主要目的是避免条形码扫描器的误判情形。

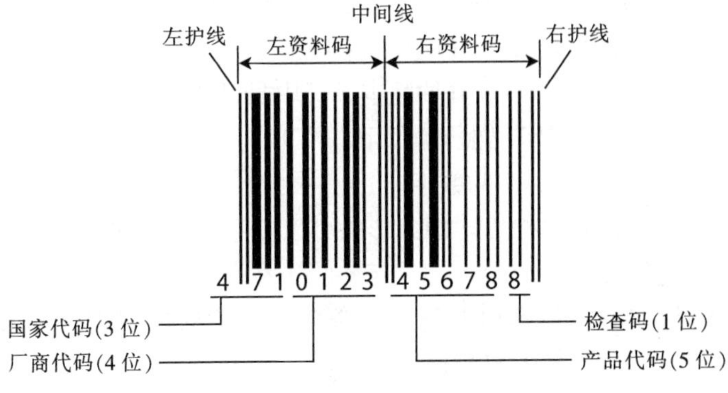

图 10-5 EAN-13 码的结构

②缩短码 EAN-8（如图 10-6）：

缩短码共有 8 位数字，是由国家代码、商品代码及检查码所组成。主要用于包装面积小于 120 平方厘米或无法使用标准码的情形，而不是标准码的缩简使用，标准码和缩短码的异同在于：

- 国家代码与标准码相同。
- 商品代码，系由申请厂商根据每一项要使用缩短码的商品，个别向商策会申请，由商策会统一分配、管理。
- 检查码的计算方式同标准码。

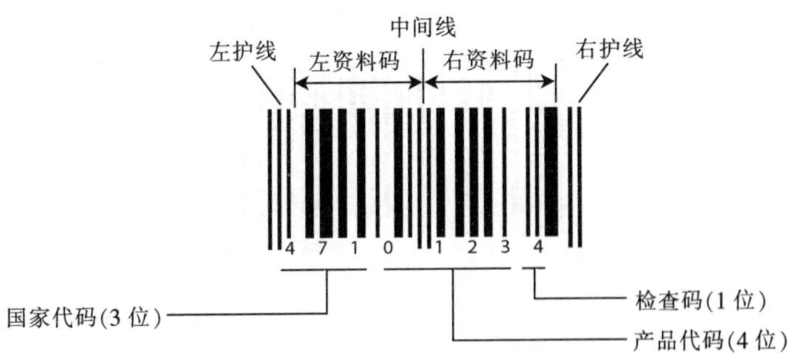

图 10-6 EAN-8 码的结构

2. UPC（Universal Product Code）**码**

(1) UPC码的特性。UPC码是最早被广泛使用的条形码，主要在北美地区使用，其应用范围很广，因此又称为万用条形码。UPC码共有A～E五种版本，其中最常用的是UPC标准码（UPC-A）及UPC缩短码（UPC-E）两种，其特性为：

①仅能使用0～9的数字。

②可进行双向扫描，即条形码可以任意由左至右或由右至左的方式进行扫描。

③固定有一位的检查码，以避免读取数据时有错误情形发生，检查码位于条形码的最右一位数字。

④具有左护线、中线及右护线，但本身不属于数据码的一部分。

(2) UPC码的结构与编码原则。

①UPC标准码（UPC-A，如图10-7）。UPC-A码原本为12位数字，后来为了与EAN码兼容，故于条形码最前面补0，使其成为13位。由左至右依序为，第一位为0，第二位为旗标，用来辨别产品形态，接下来的五位为厂商代码，由制造厂商向美国编码协会（UCC）申请，再来的五位为商品代码，由申请厂商自行设定，以不重复为原则，最后一位为检核码。

图10-7　UPC-A码的结构

②UPC 缩短码（UPC－E，如图 10－8）。UPC－E 码为 UPC－A 码的简化型，与 EAN 缩短码不同的是，EAN 缩短码为一独立的条形码系统，而 UPC 缩短码是由 UPC 标准码转换而来。UPC－E 码的组成共 8 位，最左边一位同样固定为 0，最右边一位为检查码，右边第二位为其压缩形态码，可凭借此码判定该缩短码是依何种方式由标准码转换而来，而中间的 5 位数字为产品代码，主要是由 UPC－A 码中的厂商代码及商品代码依特定规则缩简而得。比较重要的一点是，并非所有的 UPC－A 码皆能转换成 UPC－E 码。

图 10－8 UPC－E 码的结构

3. 附加码

附加码为 5 码，主要是配合消费者单元使用，可增加一些额外的信息。最常用的例子为，贩卖的价格，例如：00600 代表价格 600 元。

10.5.2 店内条形码

店内条形码（In-Store Marking）是指由使用的商店自行编码印制使用的条形码，仅于店内使用，不对外流通为原则，适用于非大量规格化的商品，例如生鲜蔬果等。常用的店内条形码有 PLU－13 码、PLU－8 码、NONPLU－13 码及 NONPLU－8 码四种。其中 PLU（Price Look Up）为价格检索型，意思是在店内条形码中没有代表商品价格的号码，必须要通过扫描器读取条形码后，由计算机从商品主文件的价格才可查出，主要使用在销售量大的商品；而所谓的 NONPLU（Non Price Look Up）为非价格检索型，就是在店内条形码的编码中含有商品价格的代码，这类通常是属于计量的商品。详细的说明如下：

1. PLU 码

（1）PLU 码的特性。

①用于无原印条形码或是商店自订编号的商品。

②条形码本身未标示商品价格。

③需于商品主文件中有价格栏，以便检索商品的价格。

④常用于销售量大且价格相同的商品上。例如：食品、杂货或衣服等。

（2）PLU 码的结构与编码原则。PLU 码的前置码为 2 或 02，然后是商品代码、价格码及价格检核码（可有可无），而最后一码为检查码。

2. NONPLU 码

（1）NOPLU 码的特性。

①用于无原印条形码或是商店自订编号的商品。

②条形码本身有商品价格的代码，可以直接知道商品的价格。

③无需在商品主文件中建立价格栏。

④常用于计量商品。例如：蔬果、肉类等以重量计价的商品。

（2）NOPLU 码的结构与编码原则。PLU 码的前置码为 2 或 02，是为了与原印条形码有所区别，而最后一码为检查码，中间为商品代码，由商家自行编订。

10.5.3 配销条形码

配销条形码，是指印在商品外箱的瓦楞纸上的条形码，主要是方便商品在装卸、运输及仓储等配销过程中辨识商品的种类及数量，配销码又可分为标准码（DUN－14）和扩大码（DUN－16）两种，另外还有附加码可供计量时使用。

标准码（DUN－14）共有14位数字，第一位是配销识别码，然后再加上EAN－13码而得，也就是国家代码3位、厂商代码4位、商品代码5位，最后一位为检查码。而扩大码（DUN－16）共有16位，是由1位备用码加2位配销识别码，然后再加上EAN－13码所构成。而附加码共6码，前5码代表其计量值，例如数量、重量、价格等，第六码是检查码；附加码是加在DUN－14或DUN－16之后，不可单独使用。此外，配销码的四周都会加有保护框，目的是要确保配销条形码的质量。

10.5.4 其他条形码

除了上述的商品条形码外，尚有几种常见的条形码，如书码、期刊码、39码、128码等，分述如下：

1. ISBN及ISSN

目前国际通用的书码与期刊码是由EAN码转变而来的。在我国，现在是由国家新闻出版总署负责ISBN和ISSN的申请，当有新书出版或是新期刊创立时，都要向国家新闻出版总署国际标准书号中心申请。以下我们就来说明一下ISBN和ISSN条形码的结构：

（1）ISBN码。ISBN码是以978为首的EAN码，也就是说，只要将EAN码中的国家代码改成978，然后再重新计算检查码，就可以产生ISBN码，如图10－9所示。

（2）ISSN码。每个ISSN码有8位数字，分成前后两部分，中间以一短横（hyphen）连接，每段各四个字，后段的最后一码为检查码。而在制作ISSN码时，先将EAN码的国家代码改成977，接着是原ISSN码（去掉检查号的7位数字），然后补两个零，最后是EAN码的检查码，如图10－10所示。

图 10－9　ISBN 码的结构

图 10－10　ISSN 码的结构

2. 三九码

39 码是在 1974 年被发展出来，为一种支持文数字、可供双向扫描的条形码，因此应用比一般一维条形码还要广，目前较常使用于在工业产品、商业数据上。39 码的最大特点是码长没有限制。标准的三九码是由起始码，然后为数据码、可有可无的检查码及终止码所组成，如图 10－11 所示。

三九码的特性如下：

（1）条形码的长度没有限制，可依需求进行规划，唯应考虑扫描器所能读取的范围，以免无法完整读取数据。

图 10-11　39 码的结构

(2) 39 码支持双向扫描处理。

(3) 起始码及终止码固定为“*”字符。

(4) 39 码具有自我检查的功能，因此检查码可有可无。

(5) 因 39 码为一种分布式条形码，即在相邻两数据码之间，须以一空白码隔开，所以条形码会比较长（空间）。

(6) 39 码可使用的数据包括：0～9 的数字、A～Z 的英文字、空格及“+”、“-”、“*”、“/”、“%”、“$”、“.”等特殊符号，共 44 种符号，并可以组合出 128 个 ASCII CODE 的字符符号使用。

3. 128 码

128 码于 1981 年推出，为一种连续性的数字条形码，条形码的长度可调整，而且所能支持的字符也较多。128 码是由起始码、数据码、可有可无的检查码及终止码所组成。128 码的特性如下：

(1) 具有 A、B、C 三种编码形式，可提供标准 ASCII CODE 的 128 个文数字符号。

(2) 支援双向扫描。

(3) 检查码可有可无。

(4) 条形码的长度可随意依需求调整，但是总长度不得超过 232 个字符（包含起始码及终止码）。

(5) 同一个编码，可以采用不同的编码方式加以编码，也可借由A、B、C三种编码方式的互换使用来扩大字符选择的范围，或是借此来缩短编码的长度。

目前我国所推行的128码是EAN-128码（如图10-12），是根据EAN/UCC-128码定义标准将数据转换成的条形码，具有完整性、紧密性、联结性及高可靠度的特性。应用的范围可涵盖生产过程中的各项变动的信息，如生产日期、批号等。也可应用在货运栈板的卷标、流通配送卷标等用途上。

图10-12 EAN-128码

10.5.5 二维条形码

由于一维条形码可储存的数据量小且抗损性差，又缺乏网络应用等缺点，因此从1986年开始，陆续有二维条形码的相关研究发表。而二维条形码因其可储存容量大、可通过传真、影印、错误纠正能力强、信息可跟着产品移动等特性，所以自20世纪90年代初期即开始被运用，至今被美国自动辨识协会(Automatic Identification Manufacturers，AIM-USA）列为标准的有PDF417、Datamatrix、Maxicode三种，其中PDF417更是被列为推广的主要标准；其余的二维条形码种类至少还有30余种。

二维条形码和一维条形码一样都是通过符号来储存数据，再通过扫描仪来达到数据自动辨识的功能。不过若是从应用的角度来看，二维条形码着重在“描述”商品，而一维条形码则是较着重在“标识”商品。因为二维条形码的数据储存量大，因此可将商品的基本数据也编入二维条形码中，使产品的相关数据可随着产品移动。而二维条形码和一维条形码的差异，我们可以从以下几个方面来比较（如表 10－3）：

表 10－3 二维条形码和一维条形码的差异

	二维条形码	一维条形码
储存量	约 1 100 个文（数）字（可包含中文）	15 个文（数）字
可移植性	可通过影印或传真的方式，传递产品的相关信息	条形码只是数据库的索引值，产品其他数据仍存于数据库中，通过影印或传真仍无法读出条形码所代表的意义
保密性	可于编码时加密保护	无
抗损性	抗损性高，利用“错误纠正码”技术，可将 50%磨损率的条形码正确读出	抗损性低，稍微磨损会造成无法读取
备援性	当网络中断时，可通过传真等方式传递产品数据；当数据库损毁时，更可通过平时打印存档的二维条形码快速重建数据库	无此功能

资料来源：黄庆祥．二维条形码——历史篇．1995。

10.6 商品条形码的效益

1. 制造商方面

（1）方便收集商品情报、了解消费趋势，以便制订有效的生产与管理计划。

（2）节省贴签人力、减少重复性作业。

（3）可提高库存管理效率，节省盘点时间。

（4）提高出货、送货效率。

2. 批发商方面

（1）订货、送货工作能够迅速确实地处理，提升服务质量。

（2）能够掌握库存，防止资本不当积压。

（3）确实掌握商情，易于拟定有效的管理销售计划，提高竞争力、增加利润。

3. 零售商方面

（1）采用原印条形码，并不会增加印刷费用。

（2）搜集、分析商品销售资料，可有效掌握畅销品，增加获利。

（3）结账作业能够迅速且精确，节省时间及人力成本。

（4）可防止柜台人员舞弊。

（5）价格变动容易，方便进行促销活动。

（6）可节省盘点时间。

（7）有效的管理库存、订货、出货、营业分析等。

（8）提供更好的服务，建立顾客忠诚度。

4. 消费者方面

（1）节省等待结账及结账时间。

（2）可从收据上得知所购买的商品品名、价格、数量等信息，易于了解所购买商品的相关信息。

（3）结账时通过条形码直接读取价格数据，减少输入错误，使顾客可以安心购买。

（4）可维持较多、较好的商品选择，而不致有缺货的情形发生，可获得较佳的购物环境。

11　制商整合的绩效管理

——快速回应系统

因应全球化竞争及市场消费形态的快速转变，企业为保有自身立足之地，需要迅速响应消费者需求的多变性。但由于现今供应链及市场通路的复杂性，当生产者经由种种的关卡了解到消费者的需求时，往往已无法及时反应市场的需求，而丧失了商机，并且影响到企业产品在市场上的占有率及竞争力，故快速响应系统（Quick Response / Efficient Consumer Response，QR/ECR）应需而生。经由 QR/ECR 能使企业间的信息共享且传递流畅，于是各国纷纷成立类似的组织，推行此经营策略，借以提升企业的竞争力。

近几年来，随着我国国民收入的大幅提高、经济的快速发展，消费者的需求变化加快提速，再加上我国加入 WTO，国内的市场竞争变得更加激烈。因此，如何整合产业的上、中、下游，使得整个供应链能保持有效的运作，降低人工与作业成本、缩短作业的前置时间，提升整个产业与各企业的竞争力是件刻不容缓的课题。

11.1　绪论

11.1.1　快速响应的意义

商业快速响应是借由企业间彼此的信息共享，以提升企业竞争力的重要解决方案，着重整个产业供应链效益的提升，而非凭借单一公司的努力就可以达成的。主要的意义是将买方的需求信息与供货商的供给信息联结在一起，以达到生产与销售间商品与信息的快速及效率化传送，以便能快速反应消费者的需求。

美国的平价连锁体系及成衣制造业于 1986 年开始共同推动快速反应系统，当时美国成衣业期望通过信息科技与物流技术的提升，来降低存货成本、增加周转率以及降低零售店的缺货率。而在此同时平价连锁体系如沃尔玛、百货公司也加入推动 QR 的行列。

ECR 于 1992 年由美国超级市场开始推动，其目的在于与平价连锁体系竞争，ECR 强调“产品销售流程中每个环节都应以消费者的需求为导向，消除运作流程中没有附加价值的动作，进而使商品供应的流程大为缩短”。

由于 QR/ECR 在效益的应用上极为接近，而其所发展的功能和目的也很相似，因此两者已越来越难以分辨，且 QR 与 ECR 都同时意味着：“消费者能够在最适当的时间、地点，用最合理的价格买到需要的产品或所需的服务”，因此，以后就将二者合而为一。

11. 1. 2　QR 的发展

美国于 1986 年开始由几个主要的平价连锁体系（如 Wal-Mart，K－Mart）及成衣制造商为主力开始推动 QR 快速响应（Quick Response），起因于美国成衣制造的生产周期过长（平均生产周期约 125 天），导致存货成本与缺货率偏高的情况，无法面对其他外来国家的强烈竞争，使得零售商与成衣制造商开始合作，研究如何从制造、配销到零售的过程中缩短生产周期，以达到增加周转率、降低存货成本及降低零售店的缺货率的目的。

美国成衣业在导入快速响应系统之后，已改变了产业的结构，使得产品的产销周期由 125 天减至 30 天，而每年可节省成本约 120 亿美元。同样的情形，日本的成衣产业也开始推动 QR，从上游的制造商一直到下游的零售店一起合作，其目的也是为了缩短从生产到产品销售至消费者手中的时间。1986 年后期美国经济开始不景气，美国的百货公司和连锁专门店也纷纷加入快速响应的行列。为了增加营业绩效，推动 QR 的零售商也越来越多，而随着信息科技的进步，使得 QR 系统也陆续增加许多新的信息传递功能。

11.1.3 ECR 的意义

1992 年美国的民生消费品零售商与供货商合作推动 ECR，即效率化消费者回应（Efficient Consumer Response），其主要目的在于减低整个供应链运作流程中没有为消费者带来附加价值的成本，它的应用方式是将消费者需求以“拉”（pull）式的系统来取代以往的“推”（push）式系统，并将这些效率化的效果回馈给消费者。

ECR 的实施重点有需求面、供给面与工具面等三方面：

1. 需求面——实施品类管理

从需求的角度来看，了解消费者的实际需求，据以安排有效的销售手法是最主要的目的。因此需求面的改进重点就是做好正确的数据收集分析。

2. 供给面——改进物流配销的方式

从供给的角度来看，商品物流配销的效率最为重要，例如使用自动补货（Continuous Replenishment）与接驳式运送（Cross Docking）的方式来增加配送的效率。

3. 工具面——必备的应用技术

不论是从供给的角度或需求的角度来看，供销双方皆需共同合作、彼此分享商品数据，因此所必备的运用技术包括下列四项：

（1）电子数据交换（EDI）。经由共同的文件数据传送格式与协议，双方可快速地互相交换数据及彼此分享相关信息。

（2）电子转账（EFT）。节省双方处理账务的时间，并且使账款的移转效率化，减少彼此互相猜忌的情形发生。

（3）成本效益分析（ABC）。利用成本效益分析（ABC）计算各项活动的成本，去除无效益及无附加价值的动作，借以降低成本。

（4）商品识别与数据库维护。商品数据的收集、分析与储存，以便日后预测与估计。

实施策略则包括：采取有效率的促销活动使价格政策与交易条款合理化；有效率地增加新品上市的成功率及降低整体新品上市成本；有效率的商品管理，使店面的商品陈列与商品存货最佳化；有效率的补货——降低补货的时间与成本。

11.1.4 QR/ECR形成的因素

QR/ECR形成的因素，主要有下列五点：

（1）消费者需求的“质”变。由于生活水平提高，国民收入提高，消费者的需求环境由原本的物资不足转变为物资过剩，并且在消费的选择上，“选择性支出”渐渐超越“必要性支出”。

（2）大型量贩店激增。其经营环境逐渐变为小型商圈且竞争转为激烈化。

（3）流通网络结构的革新。从供给的角度来看，由于小商圈竞争激烈，使得各零售店必须不断地降低库存、创造空间、缩短时间及节省人力，让其运作效益提高，加强服务使整体的通路效率提升。

（4）信息处理方式的大幅提升。由于信息科技的进步，数据处理的速度迅速提升，以致于企业花在信息处理的成本得以减低。借由计算机、条形码、网络、POS等基础建设使得整个信息的流通结构得以革新。其产生的结果具有省时、省力、无纸张、不需核件、无库存等功效。

(5) 广告与宣传方式的转变。由于有线频道的兴起使得电视演变成为多频道化，导致广告效果不如以往。

11.2 实施快速响应的要素

11.2.1 企业实施QR/ECR必须具备的要素

(1) 商品条形码化。由于强调“商品”与“信息”的快速移动，因此双方在做信息交换时可正确且简单地识别商品是很重要的，因此商品条形码化是实施QR/ECR的基本要素之一。

(2) 数据快速交换。可通过EDI或其他类似的方式从而使双方的数据正确、快速地交换。

(3) 互信。实施QR/ECR的重点在于企业体系内的上中下游间共享信息，以消费者的利益为出发点共同来修改供应链中的各个处理流程与动作，因此，企业间彼此互信非常重要。

(4) 企业流程改造。交易双方的企业应以消费者的利益为出发点重新检讨作业流程，先从各企业内部企业流程再造做起，再与交易伙伴共同协商讨论改进交易流程。

除了上述四大要素外，要让QR/ECR的效果发挥到最大，还有一个商业基本面的问题有待解决，就是使交易的条件能够简单化与合理化。在我国的商业环境中，有许多的交易行为是复杂而且没有效率的，这些问题（如月结发票或一些特殊的交易条件等）已经削弱了企业实施自动化的效益。同样地，如果要使QR/ECR能发挥效果并且顺利推行，这些商业习惯的障碍就必须加以清除。

11.2.2 导入快速响应的实施步骤

企业在实施QR/ECR的主要关键因素是能得到高级主管的全力支持，并且由高级主管出面与准备合作的交易伙伴进行沟通，彼此达成合作共识之后，才可将后续的作业交由工作小组进行。实施的步骤大致上可分成下列六个阶段：分别为准备阶段、确认阶段、订立目标阶段、设计阶段、建置阶段与推广阶段。如图 11－1 所示：

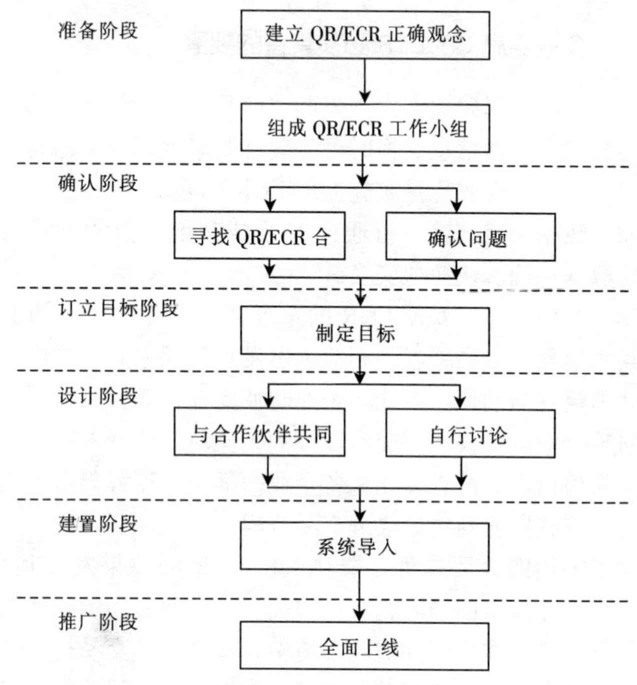

图 11－1　企业实施 QR/ECR 的步骤

1. 准备阶段

（1）建立正确的 QR/ECR 观念。QR/ECR 计划需要企业内部的员工对 QR/ECR 有一定的认知与了解，并且企业与企业之间除了要有合作关系之外，其最主要的也是通过双方合作关系的改善，降低退货、增加销货收入、减少缺货率，进而简化了企业内部员工繁琐的查核、对账、采购等其他问题。再者经由决策主管与执行阶层相互配合实施，QR/ECR 计划才能达到有效率的结果。

企业要如何才能有效地达到 QR/ECR 正确观念呢？建议决策主管应邀集公司内部的各部门主管出席 QR/ECR 会议，将 QR/ECR 的正确观念以简报方式向各部门主管介绍，并由决策主管告知各部门主管未来公司将进行 QR/ECR 计划内容以及执行步骤，并且传达给公司各部门要求全力配合。

（2）成立 QR/ECR 工作小组。依据 QR/ECR 需求组成工作小组，小组成员除了决策主管指派的负责人、计算机部门、业务单位、后勤单位、采购单位等执行单位主管外，凡与公司的作业流程相关的部门与单位都应有一代表参与该 QR/ECR 工作小组，以便日后小组讨论相关作业时给予建议及支持。成立工作小组后，小组成员应对 QR/ECR 有明确的认知。

2. 确认阶段

本阶段可分为寻找合作伙伴及确认问题两部分。首先请业务单位在企业往来的众多对象中找到符合 QR/ECR 合作的厂商，并且建议业务部门主管依照公司往来厂商的计算机化程度、经营规模大小以及厂商目前经营形态是否具有改善企业营运的条件等因素，作为首要合作对象，并安排企业与厂商访谈，将 QR/ECR 的观念介绍给拜访厂商，并且表达希望与其合作的意愿。初步可与少数几家厂商一起合作，待企业在 QR/ECR 应用上已有成效时再扩大合作范围。

3. 订立目标阶段

待与合作的厂商取得共识后，双方可订定量化目标，以下提供一些量化指标供企业参考：

（1）提升卖场坪效；

（2）服务水平提高；

（3）缩短市场响应周期；

（4）提高库存周转率；

（5）缩短订购周期；

（6）缺货率降低；

(7) 销货数量上升;

(8) 降低存销比。

4. 设计阶段

确定合作对象后，需与合作厂商讨论双方在作业流程细节应改善的部分，尤其在简化双方往来的程序方面，并考虑采用 EDI 或者其他电子传输技术，来达到有效运用因特网的功能。再者企业本身内部作业流程也需重新规划及删除不必要的流程，以增加信息传递的时效性。

双方在合作项目达成共识后，接着由双方拟定数据传输的格式、方式以及每日或每周传输次数等细节，最后交由双方所属的计算机部门建构、设计所需的计算机系统，待程序人员与使用者沟通完成后，即可安排双方进行系统的上线及使用。

5. 推广阶段

将系统在导入阶段时可能遇到的问题，经由工作小组人员将问题以及改进方法记录下来，待未来将 QR/ECR 推动至全面的合作厂商时，可减少相同错误的发生。

11.2.3 QR/ECR 成功关键因素

促成 QR/ECR 成功的关键因素很多，可将其归纳如下：

(1) 信息完整。上下游的合作厂商需要信息互通、共享信息，故数据库需具有完整且实时的信息。

(2) 标准化。为了能快速反映客户的需求，订定各项作业的标准化是必需的，例如将栈板规格标准化，或者将数据格式统一标准，如 EDI 一样，以求得作业的省力化与效率化。

(3) 物流配送系统。建立一个功能完善、有效率、低成本的物流配送系统，是确保整个 QR/ECR 能成功贯彻的一个必要工具。

(4) 互信、互利、共识建立。上下游厂商需打破以往相互猜忌或对立的角色，彼此建立信任与共存共荣的共识，QR/ECR才有成功的可能性。

11.3 快速响应的技术与工具

“商业快速响应”是一个观念，而非一项信息技术。这个观念的目的是整合目前已有的各种信息化技术与工具，以达到快速响应顾客需求的效果。列举下列四项应用的技术如下：

11.3.1 自动补货系统

CRP（Continuous Replenishment Practice）自动补货系统是一种利用电子数据交换的方式提供上下游厂商有关产品的销售数据、订单数据以及库存量等信息，它的重点不在于深奥的计算机技术，而是合作伙伴之间必须有良好的互动关系。

也就是说自动补货系统CRP（Continuous Replenishment Process）是一种库存管理方案，用以掌控销售数据和库存量，作为市场的产品销售预测和库存补货的解决方法，供货商可以经由销售数据得到消费需求信息，并快速地响应市场变化和消费者的需求，因此经由CRP可以改善库存的周转率、降低库存量及维持库存量的最佳化，再通过供货商与批发商共同分享重要信息双方都可以改善需求预测、运输装载计划、补货计划、促销管理，等等。

1. 制定目标

公司目标的制定是执行自动补货系统的一个重点，执行自动补货系统可能影响不同部门之间原有的作业流程，因此需要来自高级主管的全力支持与承诺，并且由高级主管召开跨部门会议，协调各部门配合，审核公司内部成本结构，并去除不必要的成本。

执行自动补货系统可为公司带来的好处如下：

(1) 物流成本降低。

(2) 剔除不合理的营运流程。

(3) 可适应市场的需求变化且有效地补货。

(4) 减少库存成本。

(5) 重新检讨公司营运成本。

(6) 提高客户服务满意程序。

(7) 衡量公司执行 CRP 的能力。

2. 列出所有交易对象

整理出公司目前所有交易对象，并且针对这些往来的交易伙伴，调查其与公司之间往来情形（如交易金额、交易伙伴是否有足够能力实施自动补货等），并研究与往来的交易伙伴实施 CRP 营运流程计划的可能性。

3. 选出合适的合作对象

考虑双方彼此之间的互信状况、自动补货的观念与技术支持能力是否足够、及双方高级主管对彼此的承诺等因素选择出合适的合作对象。

4. 先做一小部分 CRP 试验

与合作伙伴实施自动补货系统后，测试一小部分的系统（如 EDI、预测系统、订单系统等），找出系统是否可以改善之处。

5. 全面上线

经过测试阶段，待系统稳定之后，可将公司的其他流程经由自动补货系统做更有效的应用，并且借由自动补货系统与合作伙伴改变传统互动关系。

11.3.2 供货商管理库存系统

VMI（Vendor Managed Inventory）供货商管理库存系统是通过掌控销售资料和库存量，作为市场需求预测和库存补货的解

决方法。它的做法是以实际或预测的消费者需求来做为补货的依据，而非传统通路以产生订单的方式来作补货的依据，因此借由VMI系统可达到降低库存量、增加库存周转率及更快速反映市场变化和消费者的需求等好处，且VMI可应用于供货商与批发商、供货商与营销物流中心等，而目前应用最广泛的则是供货商与批发商之间。

11.3.3 ABC成本效益分析

ABC（Activity Based Costing）成本效益分析是一种会计方法，它计算出每个活动所花费的成本，让企业了解到其利润来源为何，例如计算一张订单从出货到送货之间所需投入的成本为多少。

ABC分析的基本步骤如下：

（1）确认主要的活动，即产品从为什么会导入市场、生产、推出等种种活动。

（2）确认这些活动主要的成本因素。

（3）将现有的账目与这些活动联结在一起。

（4）使用这些信息来辅助决策，提高成本效益与提升活动的附加价值。

11.3.4 衡量工具Scorecard

"成熟度自我评量表"是让公司自行评估推行QR/ECR三项主要概念（需求面管理、作业流程改善和推行技术）的成熟程度的评量表，此评量表的功用是衡量公司在执行QR/ECR（Quick Response/Efficient Consumer Response）前后进步的情况，借此评量表也可评估各交易伙伴导入QR/ECR的能力，以当作未来合作关系的基础。

成熟度自我评量表概分为三大方面，共包括14个QR/ECR的概念（如图11-2）。

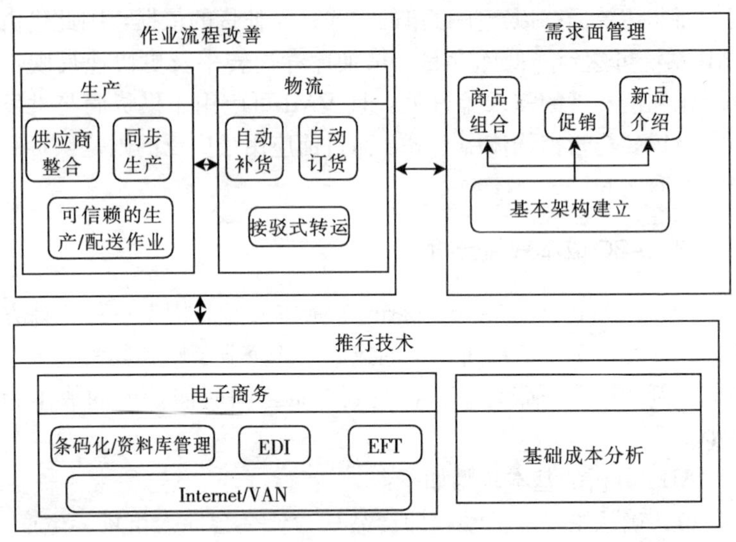

图 11－2　QR/ECR 概念

（1）作业流程改善——是指系统地改善供应链流程中的自动补货（Continuous Replenishment）、接驳式转运（Cross Docking）、自动订货（Automated Store Ordering）、同步生产（Synchronized Production）、可信赖的作业（Reliable Operations）及供货商整合（Integrated Suppliers）等作业活动。

（2）需求面管理——包含建立健全的架构、系统、绩效评估、奖赏制度和品类管理以及改善消费性产品的活动。

（3）推行技术——可分为电子商务及基础成本分析（ABC，Activity Based Costing）两部分，而电子商务又可细分为电子转账（EFT，Electronic Fund Transfer）、电子数据交换（EDI，Electronic Data Interchange）、条形码与数据库的建立与维护（Item Coding and Database Maintenance）。这些都是为了使其他 QR/ECR 概念实现所必须具有的技术。

11.4　制造业的 QRM

11.4.1　QRM 的定义及本质

QRM 强调最佳化的制造业应变速度，此应变速度所考虑范围不仅仅是单一制造产品整个供应链的上、中、下游供给链，有时还需考虑多层次上、中、下游供应链网络的连锁反应速度，如此才能大幅度缩短反应时间，发挥 QRM 的功能。

11.4.2　QRM 实施的目标

制造业需要 QRM 策略的理由，主要在于希望能达到下列三个目标：

（1）剔除供应链内无附加价值的活动

（2）兼顾内、外经营管理的变革，同时达到技术（信息化/自动化）的革新。

（3）降低整体供应链的 Response Time（Lead Time）：它不仅希望降低 4%或 8%低幅度的时间压缩，它更追求 25%～60%的中间作业消失。

11.4.3　QRM 的特性

QR 在企业中运作时，需掌握下列三项关键特性，介绍如下：

（1）QR 是一种经营策略，它可以适用经营面、管理面，也可以适用于作业面，同时可存在于企业内、企业间，或供货商、顾客间任一环境；因为它是一项企业运作的革新理念。

（2）QR 需从供应链整体考虑，并以产业共同需求为切入点，方能产生最佳化效益。

（3）QR 的导入，需要改变管理方法以及产生合作的共识，同时也需要有信息化及自动化技术的支持。

11.4.4 QRM实施的愿景

未来企业在全面实施QR后，不同公司间，或其他供货商及顾客间的界面（Interface）将可快速整合连贯；同时随着竞争需要，上、中、下游厂商能针对顾客需求的变化，迅速调整改变不同的供应与采购形式。

11.5 QRM对传统制造方法的冲击

制造业导入QR后，工厂管控方法与基本理念必然会与QR产生矛盾或优先级的冲突，试分析如下：

1. 基本工作理念

传统制造业提倡拥有好员工且让员工工作时间加长的方式来增加产能（约能提高5％～10％产能），但QRM专家认为与其让员工努力工作，倒不如通过对生产/配送组合，提出结构性的改造（Restructure）所可能产生的效益（约能提高30％～60％产能）来得有效。

2. 资源产能绩效

过去制造业不断以追求最高的产能利用率，来当作公司的绩效指标，但QRM的论点是：让工厂随时保留20％的闲置产能，以保有追求快速响应（Quick Response）的弹性能力才是最佳的方式。

3. 效率追求目标

QRM强调摒弃追求个别部门的局部效率最佳化，而应以整厂能达到最快的反应时间为目标。

4. 交货时效指标

及时完成客户订单交期（Reward “On-time” Delivery）一直是过去工厂的数个目标之一，但QRM专家认为，制造业应不断探讨缩短现有Lead Time，以能减少25％～60％的生产配送时间为努力目标。

5. 客户订单交货量

QRM 的交货模式是鼓励供需双方可以协商出一套分批交货的模式，以减低双方的库存压力。用此模式来代替以往为求得供货商优惠价格而一次订购大量产品造成库存囤积浪费的采购方式。

6. 信息化导入方式

制造业在导入信息化/计算机化的同时，往往会直接引进 MRP II 系统及排程系统（Scheduling System），却没有探讨现行的生产流程是否有缺失，故 QRM 专家建议，应先改造生产配送模式，再引进 M RP 系统。

7. 组织分工原则

QRM 为达成 Lead Time 最佳化，需以整厂流程导向为管理原则，但由于过去制造业部门组织间隔阂大，横向沟通不易，因此 QRM 需除去部门间连贯障碍不可。

8. 科技化原则

QRM 的专家认为制造业在投资自动化/信息化/计算机化之前，首先要确定公司营运的最大瓶颈或问题，如此才能获得较佳效益。

“商业快速响应”是一个企业的策略工具，它需结合各个企业的力量，并且彼此间需要有共同改进效率化流程的共识，它注重的是整个产业供应链效益的提升，因此并不是单独一家公司的努力可以达成的。

12　制商整合的价值管理

——服务品质管理

12.1　绪论

12.1.1　服务的定义

何谓服务？管理大师裘兰（Juran）将服务定义为“为他人完成工作”。而Kotler说“所谓服务是指一项活动或利益，由一方提供予另一方；本质上是无形的，也不产生任何事物的物权转变”。现代营销学者Buell将“服务”定义为“用于销售或配合销售而连带提供的各项活动、利益或满足”。另外，杉本辰夫认为服务是直接或间接以某种形态，有代价地供给需要者所需的事物。浅井庆三郎则认为服务是指由人类劳动所产生，依存于人类行为而非物质的实体。

服务是一种行为、表现及努力（Lovelock，1991）。服务就是以亲切友善的态度、精确熟练的工作技巧来满足顾客的需求，同时使顾客在消费时感受到重视。必须随时以顾客为中心，切实履行对顾客的承诺，直到顾客满意为止。服务业将成为现代经济的主流，仔细思考将会发现“务”在于各行各业中。哈佛大学管理研究所教授利瓦伊特（Theodore Levitt）认为服务不再是行业的分类标准，而成为各行业的共同因素；当我们对服务日益了解后，服务业与非服务业之间的区分，就会变得愈来愈没意义，因为只是各产业中服务的成分多寡的差异而已，每个人所从事的都是服务业。

12.1.2 服务的特性

服务具有以下四点特性（Sasser，1987）：

（1）无形性（Intangibility）。服务没有实体，所销售的是无形的产品，是一种行为，不易评估此“商品”形态价值。

（2）同时性（Simultaneity）。即不可分割性（Inseparability），服务于进行时，通常服务者与被服务者必须同时在场，即服务的提供与消费是同时发生的。

（3）异质性（Heterogeneity）。同一项服务，由于服务供应者与服务时间、地点的不同或服务者当时的精神、情绪而有所不同，即均匀的服务水平较不易维持。

（4）易消灭性（Perishability）。服务无法储存，没有“存货”。

除了以上四点特性外，服务与一般的实体产品有下列几项显著不同的特征：

（1）服务的产生与服务的提供是同时发生，无法提前生产或储存。

（2）服务无法集中制造、检验或储存。

（3）服务无法展示，也没有样本可供顾客在服务提供之前查看。即使可提出不同的范例，但实际的服务情况并不会完全相同。

（4）质量保证工作须在提供服务之前完成，而非如制造业在生产之后才进行质量管理的工作。

（5）服务通常是在顾客面前，由一些管理当局无法直接影响的人员负责提供。

（6）接受服务者并未收到有形物体，服务的价值需视个人的经验而定。

（7）服务的经验无法转售或移转给第三者。

（8）服务的接受者对服务的期望是影响其对服务结果满意与否的主要因素之一。

(9) 服务提供的过程中顾客必须接触的服务点愈多，愈不容易对此服务感到满意。

(10) 服务的质量有绝大部分是个人的主观判断。

(11) 服务不当时，亦无法“退货”。如果无法提供第二次服务时，赔偿或表示歉意便是求取顾客谅解的解决方式。

(12) 服务的提供须通过某种程度的人际互动，买卖双方以个性化的接触来完成服务过程。

12.1.3 质量与服务质量

1. 品质的定义

长久以来，“质量”一词在日常生活中经常被使用，但一般人对它的概念却相当模糊，且对于质量的界定，由于观点的不同，而产生许多不同的定义。

在此举出几位管理大师对质量及服务质量的定义并说明其中的异同。

Garvin (1984) 认为定义质量可以有五种不同的方法：

(1)“哲学”。一种直接上的优良，只有接触该物体时才能感受得到。

(2)“品为主”。质量的差异来自可衡量属性的差异。

(3)“用者为主”。合乎消费者需求的产品或服务即是高质量，也就是Juran所谓的“合使用”。

(4)“规格为主”。质量为符合规格的程度。

(5)“值为主”。以价格或成本的观念来定义质量，即质量乃在一个可接受的价格或成本范围内，提高消费者效用与满足。

林英峰教授认为质量是指材料或产品具有某些满足人类欲望的特性。Juran“合使用”(fitness for use) 的定义，质量可依设计、制造、使用三个阶段，划分为设计质量、制造质量、使用维修质量三种。以“适合使用”界定质量是出于顾客的观点，而Crosby“符合规格”(conformance to specification) 是出于生产者观点。美国品管学会（ASQC）及欧洲品管组织（EOQC）则提出质量是“能够满足所订需求的产品或服务的整体特质与特性”。

2. 服务质量的概念

Sasser、Olsen 及 Wyckoff（1978）认为，服务水平（Service level）类似质量的观念，服务水平是指所提供的服务为顾客所带来的外显与隐含利益水平，可再分为期望服务水平（Expected service level）及认知服务水平（Perceived service level）。

Parasurman、Zeithaml 及 Berry（1985）三位学者整理服务质量相关研究的数据，归纳出“服务质量的特性”如下：

（1）顾客对服务质量的衡量比对产品质量的衡量要困难。

（2）顾客对服务质量的好坏认知，通常来自顾客期望得到的服务及实际感受到的服务两者之间的差距。

（3）服务质量的衡量不只是看服务的结果而已，同时也包含了在服务传递过程的衡量。

Rosander 认为，由于服务的一些特性，服务业需要一个比制造业更广泛的服务质量；如：①人员绩效的质量；②设备绩效的质量；③数据的质量；④决策的质量；⑤产出的品质。

Gronoos（1982）将服务质量分为：①技术质量（Technical Quality)，指实际所传送的服务内容的质量水平；②功能质量（Functional Quality)，指服务传递的方式，可决定顾客最后所感觉到的整体服务质量。

Gronroos（1900）认为，顾客在接受服务前会先有一个期望质量（Expected quality)，接受服务后会产生经验质量（Experienced quality)，这两者之间的差距为总体认知质量（Total perceived quality)。如果经验质量大于或等于期望质量，则总体认知质量是好的，反之则为差的。哈佛大学商学院教授 James L. Heskett 认为顾客是以认知质量与期望质量间的关系来衡量其所接受的服务，如图 12－1 所示：

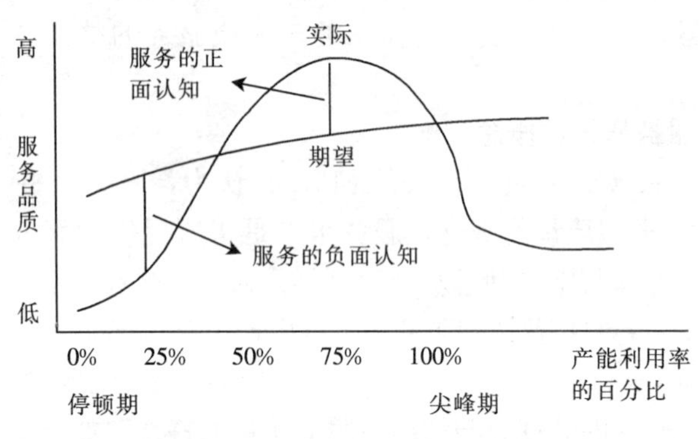

图 12－1　服务产能与服务质量关系

3. 服务质量的分类

综合服务业的种种特征，服务质量大致可分成五类：

(1) 内部质量（internal qualities）。使用者看不到的质量。例如：航空、铁路、电话、饭店、百货公司、游乐区等设施，是否发挥功能，全依赖其保养程度而定。这种保养性、整备性如果做得不充分，则对使用者的服务质量就会低落。

(2) 硬件质量（hardware qualities）。使用者看得见的质量。例如：百货公司或商店，为销售而购进的商品的质量。餐馆菜肴的滋味及质量，饭店的室内装潢，火车、飞机的座位、宽度、硬度、照明亮度等。

(3) 软件质量（software qualities）。使用者看得见的软性质量。如不当的广告、账单金额算错、银行记账错误、计算机的失误、送错商品、飞机、火车意外事故、电话故障、商品缺货、污损等。

(4) 实时反应（time promptness）服务时间与迅速性。排队等候的时间，营业处店员（或餐馆女侍）前来接待的时间，申请诉怨或修理的答复时间，服务员到现场的时间，修理时间等。这些虽然也属于软件质量的一部分，但是由于服务的时间及迅速性特别重要，因此分列为一项。

（5）心理质量（psychological qualities）。有礼貌的应对，接待亲切。

12.2 服务质量的衡量

12.2.1 服务质量构成

Sasser，Olsen，Wyckoff 于 1978 年提出衡量服务质量的七个方面：

（1）安全（Security）。顾客对服务系统可信赖的程度。

（2）一致性（Consistency）。指服务是齐一的、标准化的，不因服务人员、地点或时间的不同而有所差异。

（3）态度（Attitude）。指服务人员的态度亲切有礼。

（4）完整性（Completeness）。服务设备的周全。

（5）调节性（Condition）。根据不同顾客的需求调整服务。

（6）即用性（Availability）。指交通方便。

（7）及时性（Timing）。指在顾客期望的时间内完成服务。

Martin 提出服务质量应设定可行的标准，并认为衡量服务质量可分成程序构面与友善构面等两个方面：

（1）程序构面，指技术面传递系统应有的属性

- 便利（accommodation）
- 及时（timeliness）
- 沟通（communication）
- 监督（supervision）
- 预备（anticipation）
- 有组织的流程（organized flow）
- 顾客回馈（customer feedback）

（2）友善构面，指服务人员与顾客建立友善关系的能力

- 态度（attitude）
- 注意（attentiveness）

- 说话的声调（tone of voice）
- 肢体语言（body language）
- 叫得出顾客的名字（naming name）
- 引导（guidance）
- 建议性销售（suggestive selling）
- 解决问题（problem solving）
- 机智（tact）

Sasser、Olsen、Wyckoff 三人根据服务业的作业特性，提出以原材料、设备及人员三个构面的服务质量模式（如图 12－2 所示），而后三人又以顾客的观点，建立一个决定服务水平的模式（如图 12－3 所示）。

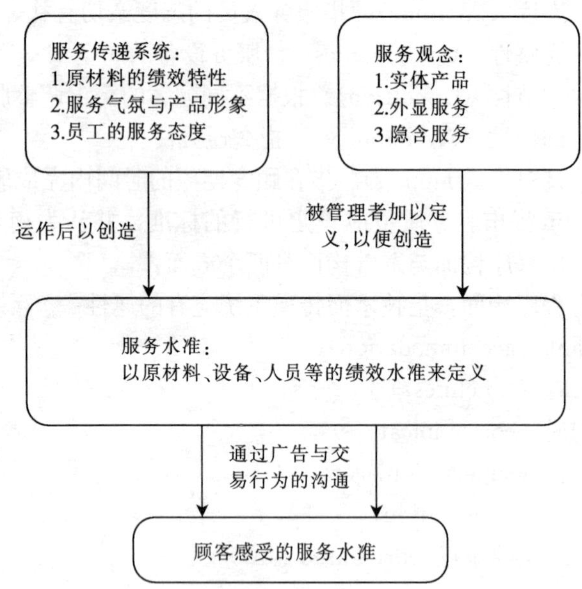

图 12－2　服务作业特性与服务品质模式

资料来源：Sasser etal（1978）Management of Service Operation，Bosten：Alley and Bacom Inc.

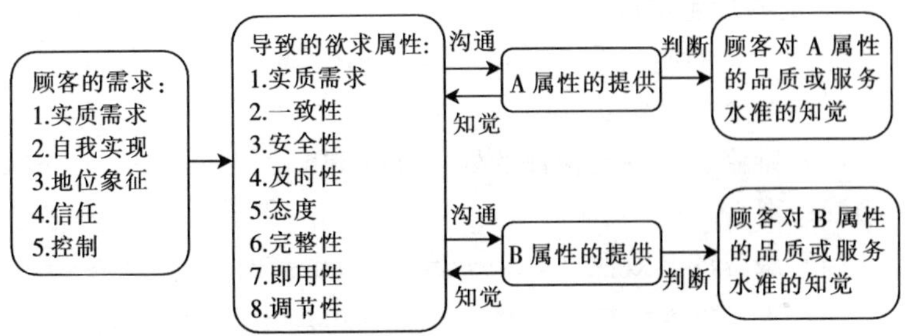

图12－3　就顾客观点的服务水平模式

资料来源：Sasser etal（1978）Management of Service Operation，Bosten：Alley and Bacom Inc.

12.2.2　服务质量的决定因素

Quelch与Takeuchi于1983年根据消费者的消费步骤，提出衡量服务质量应依消费者在消费前、消费时与消费后三阶段来加以评估，分别有其衡量因素。

1. 消费前考虑因素

（1）广告效果与宣传绩效（advertised price for performance）；

（2）过去的经验（previous experience）；

（3）业者的品牌与形象（company's brand name and image）；

（4）朋友的看法与口碑（opinions of friends）；

（5）商店的声誉（store reputation）；

（6）政府检验结果（published test results）。

2. 消费时考虑因素

（1）对服务人员的评价（comments of personnel）；

（2）服务保证条款（warranty provisions）；

（3）服务与维修政策（service and repair policies）；

（4）索价（quoted price for performance）；

（5）绩效衡量标准（performance specifications）；

（6）支持方案（support programs）。

3. 消费后考虑因素

（1）使用的便利性（convenience for use）；

（2）可靠度（reliability）；

（3）维修、投诉与保证的处理（handling of repairs，claims，warranty）；

（4）服务的有效性（service effectiveness）；

（5）零件的实时性（spare parts availability）；

（6）相对绩效（comparative performance）。

根据 Berry 等学者的研究，认为衡量服务质量应包括十项因素，其意义简单说明如下：

（1）接近性（access）。容易联络，服务地点设于交通方便容易到达之处，等候服务的时间短，可提供服务时间长，接受服务方式多元（例如：亲洽、电话、传真、因特网等）。

（2）沟通（communication）。用顾客听得懂的话跟他交谈及愿意倾听顾客所说的话，解说服务本身的意义、解说服务的花费、解说服务与花费的互动（trade-off）、保证消费者有问题必将处理。

（3）胜任性（competence）。具备执行服务所需的技能和知识，接触（contact）人员的专业知识和技术，后勤支持人员的专业知识和技术。

（4）礼貌（courtesy）。接触人员（包括直接服务人员及电话服务人员）有礼貌、尊重顾客、体贴顾客及友善的态度表现。

（5）信用性（credibility）。值得信赖感（trustworthy）、可信性（believability）、诚实，包括牢记消费者权益。

（6）可靠度（reliability）。包括绩效（performance）、可靠度（dependability）及一致性，意指公司执行服务第一次就做对，也表示公司尊重其承诺。

（7）反应力（responsiveness）。包括员工对提供服务的意愿或敏捷度（readiness），例如：马上正确地回答顾客问题、立即提供顾客所需服务。

(8) 安全性 (security)。使顾客免于危险、风险和怀疑的处境，确保顾客的人身安全、财产安全及信赖感 (confidentiality)。

(9) 有形性 (tangible)。包括服务的实体设施、员工的外观、提供服务的工具和设备、服务的实体表征。

(10) 了解 (understand) /熟知 (knowing) 顾客。全心致力于了解顾客需求，探知顾客的特殊需求，提供个别的注意，认识经常往来的顾客。

12.2.3 服务质量的衡量模式

1. PZB 模式

Parasuraman、Zeithaml 与 Berry 于 1985 年发展出一个服务质量的观念性模式（简称 PZB 模式，如图 12-4 所示）。这模式主要在解释服务业者的服务质量为何始终无法满足顾客需求的原

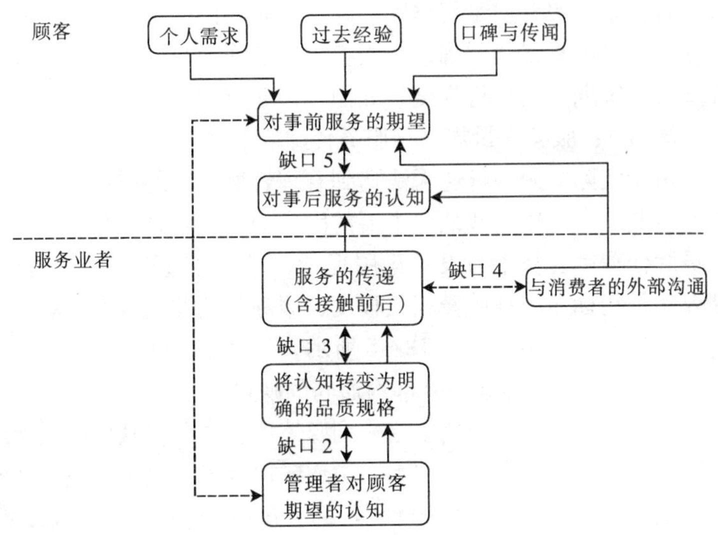

图 12-4　PZB 服务质量观念性模式

资料来源：PZB (1895)

因，同时也说明要满足顾客的需求必须突破模式中五个服务质量缺口，服务质量的五个缺口为：

缺口 1：顾客期望与管理者认知间的缺口。

管理者对于顾客真正需求的了解不够，发展出来的服务产品就无法满足顾客的期望，因而产生服务质量缺口。其中三个主要因素为市场信息收集程度、上下沟通畅通程度、管理层级数，如图 12－5 所示。因此，当市场信息收集程度愈高，缺口 1 愈小；当上下沟通愈畅通，缺口 1 愈小；当管理层级愈多，则缺口 1 愈大；缩短方式为：改进市场调查研究、管理者与员工间培养较佳的沟通模式及组织扁平化。

缺口 2：管理者认知与服务质量规格间的缺口。

由于内部资源或管理者观念的限制，使企业没有能力制定能够满足顾客期望的服务质量，并将其转为可行的规格，因而产生管理者认知与服务质量规格间的缺口。影响的四项要素为：企业对服务质量的承诺、明确设定服务质量的作业目标、作业标准化程度及顾客期望的可行程度，如图 12－5 所示。

缺口 3：服务质量规格与服务传递间的缺口。

由于实际的服务传递无法达到管理者所设定的质量规格，所以产生此缺口。影响此缺口主要的因素为：团队合作精神、服务人员胜任程度、技术与设备运用程度、对服务过程的控制程度、绩效衡量指标与服务质量相关程度、服务角色冲突程度及服务角色模糊程度等七项，如图 12－5 所示。

缺口 4：服务传递与外部沟通间的缺口。

由于顾客对服务的期望会受到媒体广告及公司其他沟通渠道所影响，所以企业内部的“水平沟通畅通程度”及企业在对外宣传上是否有“过分夸张的习性”，都会影响到缺口 4。例如：广告中夸大的承诺或是接洽的员工缺乏相关的信息。

缺口 5：消费者对事前的期望与事后认知间的缺口。

缺口 5 为缺口 1、缺口 2、缺口 3、缺口 4 的函数。

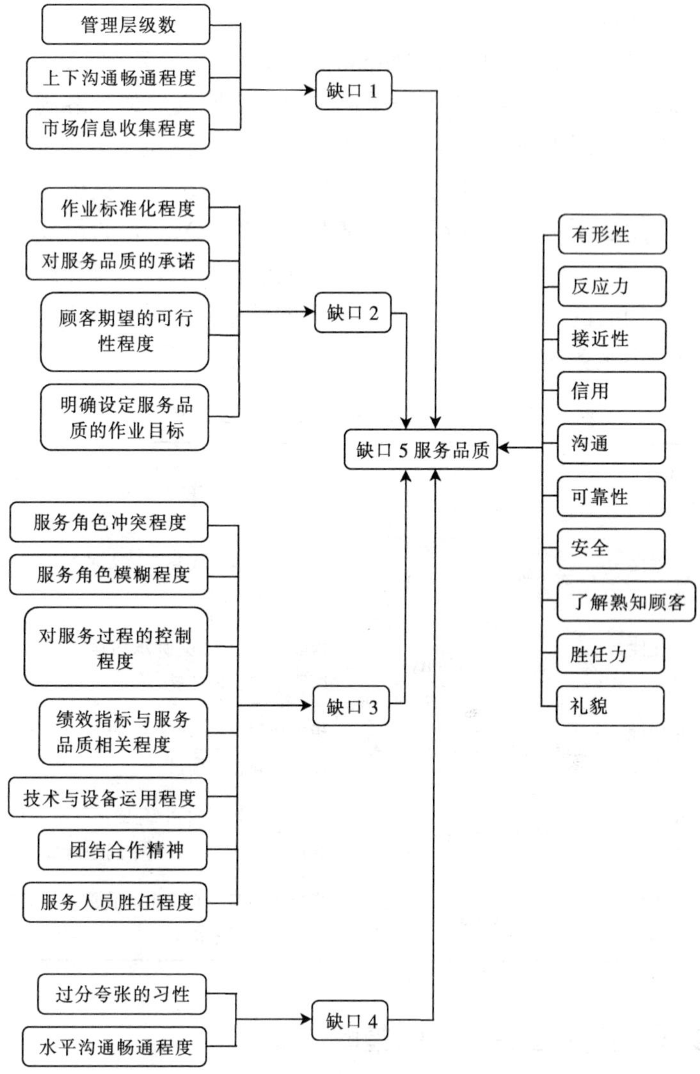

图 12－5　品质缺口的衡量要素

资料来源：Parasum anetal（1988）．Communication and Control Process in The Delivery of service Quality。

2. SERVQUAL

SERVQUAL是由A. Parasuraman、V. A. Zeithaml与L. L. Berry于1988年根据服务质量差距模式所发展的顾客满意度调查工具，用来衡量顾客对服务质量的认知。三位学者是将其于1985年所找出的十项服务质量要素，通过因素分析找出五大构面，并用22条叙述来衡量服务质量。SERVQUAL的组成及意义如表12-1所示，在实际进行服务质量衡量时，先衡量顾客对此五大构面的期望，再衡量顾客对服务结果的认知，两者之间的差异即为服务质量水平。

表12-1 SERVQUAL的组成及意义

1985年 PZB构面	1988年修正后 PZB构面	意　义
1. 接近性 2. 沟通	1. 有形性（tangibles）	指实体设施、服务人员人员的仪表等，包含四个问题
3. 胜任性 4. 礼貌	2. 可靠性（reliability）	指能够准确提供所承诺服务的能力，以五个问题来衡量
5. 信用性 6. 可靠度	3. 反应性（responsiveness）	指提供顾客迅速服务的意愿、能力，以四个问题来衡量
7. 反应力 8. 安全性	4. 保证性（assurance）	指员工的知识和礼貌及获得顾客信任和信心的能力，以五个问题衡量
9. 有形性 10. 了解	5. 关怀性（empathy）	指提供顾客关心及个人化服务的程度，以五个问题来衡量

12.3 提升服务质量的策略

12.3.1 服务质量管理问题

（1）服务业是一种劳动力密集型产业，服务质量的一致性难以掌握。

（2）公司内部支持系统未充分的合作。

（3）服务业者与顾客间常存在沟通缺口。

（4）服务的复杂性提高。

（5）过于重视短期利润，而缺乏对服务质量的承诺与保证。

12.3.2　服务质量管理提升条件

（1）明确定义服务角色。定义服务角色指的是要建立服务标准，并将此标准有效地让所有参与的服务人员了解。其中服务标准指的是将顾客的期望转变为一种服务人员能够明确执行的准则。而能明确定义服务角色，企业必须确实了解顾客的期望，可能需进行市场调查以便进一步了解顾客对服务的期望，而后将其转变为服务质量规格，建立服务标准。

（2）重视服务产品的可靠度。可靠度是服务质量要素中最重要的一项。高质量的服务应是“零”缺点，事实上第一次就把工作做好，在服务业也是成本最低的。因此，管理当局应利用各种机会培养员工“第一次就做对”的工作态度，如在使用说明书中明确陈述，设立可靠性标准，在训练课程中教导提供可靠服务的方法，指派专人研究服务错误的原因及改进方法，计算服务的缺失率，及奖励零缺点的服务等。

（3）强调服务团队的功能。团队的最大效果在于它可使员工有参与感、归属感、认同感，并以团队的力量来影响每一位团员。发展服务团队是提升服务质量的重要手段。

（4）选择最适的服务人员。服务人员的素质往往是整体服务产品中最重要的部分，企业应重视人才的培育与养成。

（5）立即有效地解决各项服务问题。顾客在消费服务产品过程中产生问题或不满，并不代表顾客对服务质量已完全丧失信心，企业如能立即有效解决问题，将仍有机会挽回顾客的信心或重建顾客对服务质量的认知。可采取以下三项措施来弥补服务的缺失：

- 鼓励顾客抱怨，并提供方便的诉怨渠道。
- 迅速亲自出面解决问题。
- 鼓励员工有效解决问题，并提供他们必要的工具。

12.3.3 服务质量管理成功的关键

(1) 对质量的承诺。公司应将服务质量纳入计划，分配资源、预算、责任并建立奖罚系统。

(2) 设定质量标准。

(3) 衡量质量的绩效。在设定质量标准之后，需有适当的衡量技巧来搜集质量信息，并与质量标准相比较，再据以采取修正行动。

(4) 改进方案。成立员工建议系统，实施品管圈、员工训练、工作丰富化与员工工作生活质量计划及目标设定。

(5) 提升服务质量的关键为“人”。公司员工对顾客的态度、礼貌及给予顾客的感受，为决定服务质量的最重要因素。

12.3.4 提升服务质量的策略

(1) 消费前：广告及推销术。

(2) 消费时：工业化方式与小集团活动。

(3) 消费后：“消费者信箱”、“消费者意见调查”、“消费者意见处理系统”。

12.3.5 服务质量管理技术

(1) 品管七大手法。层别法、查检表、柏拉图、特性要因图、直方图、散布图、管制图。

(2) 品管新七大手法。KJ图法、关联图法、系统图法、矩阵图法、箭线图法、PDPC法、矩阵数据解析法。

(3) 品管（团结）圈活动。同一工作单位约5～8人组成的小团体，针对工作上可能会发生，或是已发生的缺失，不定期地召开品管圈活动，提出自己的想法与建议，积极拟出改善建议方案，经公司主管核准后予以实施。

12.4 服务质量保证系统

12.4.1 发展服务质量保证五大步骤

(1) 管理者要能正式地体认顾客的期望。对于顾客期望的认知是建立质量保证系统的基本数据，了解顾客的需求需通过市场调查进行。

(2) 设计能够满足顾客期望的服务产品，并设法维持质量。理想的设计质量不应以试误方式达成，推出的服务产品必须要能立即符合顾客的期望。连锁店因有许多分店可供新产品实验，所以在上市前可经过长期的测试与消费者意见反馈，直到完全有把握，才正式推出上市。此外，服务产品在设计时也应考作业上的便利，以及易于控制服务作业的质量，最好能配合服务作业的标准化，使服务人员能轻易控制服务质量，甚至在服务产品设计时即考虑到服务人员应接受何种训练，以达成设计的服务质量；亦可考虑其中一部分由顾客自己来控制质量或执行作业，但应注意场所设施是否便于顾客自助服务、顾客是否获得足够的知识进行自助服务。

(3) 发展与实施质量的监视系统。顾客意见反映卡是一种简单的服务质量监视工具。

(4) 设计与实施质量训练计划。质量始于训练，终于训练。

(5) 设计与实施质量管理计划。质量管理的方法可用以衡量作业过程是否正常，常用的方法包括：

- 直方图：描述被衡量对象变化的幅度。
- 流程图：描述问题作业的详细流程。
- 柏拉图：描述具有重大影响的变量，有助于问题的发觉。

● 鱼骨图：描述造成问题的因果关系，是一种很有效的分析工具。

● 过程控制图：运用统计方法，设定控制的上下限，可用以判断现有的作业、程序是否正常运作。

12.4.2 服务质量保证架构

（1）定义顾客的需要与期望，找出顾客所重视的属性是什么，而非基于管理者的主观认定来提供服务。

（2）设定符合顾客需求的绩效标准。

（3）设计整体的服务传送系统以提供所制定的标准服务，包括后勤的服务支持系统。

12.4.3 服务质量保证系统

（1）确认顾客的需求及对质量的期望。

（2）设定所提供的服务的标准与水平。

（3）设计服务提供及支持的系统。

（4）服务提供的检查。

（5）顾客满意度的衡量。

（6）服务业的质量改进。

13 制商整合的绿色管理

——环境管理

13.1 绪论

自20世纪70年代起，世界上人口快速增长且往都市集中。随着科技发展的日新月异，各国的经济水平也不断提高，但贫富差距日益增大，不论是富人的过度浪费的消费形态，还是穷人为了生计而过度捕食、采收、放牧或其他滥用资源的情形，对于地球的环境都会有所影响。因此人们开始注重生活质量，不但致力于在生态学的研究，更掀起一波波环保浪潮，大众开始对于臭氧层破坏、温室效应、空气污染、森林滥垦、酸雨、水污染、水资源枯竭、固体废弃物污染、噪音污染、臭味污染、野生动物保护等与环境及生态相关的议题渐表关心。这些环保议题受社会重视之后，对企业来说更是一大冲击，企业开始与社会大众在环保问题上进行博弈。社会大众期望制定更严格的环保标准来保护自己的生活环境；但企业主担心过于严格的环保标准会使成本提高、竞争力下降。国际标准组织（International Organization for Standardization，ISO）于1996年6月在面对全球环境的竞争及国内环保意识提高下，企业须通过“绿色管理”（Green Management）来提高竞争力，以利益关系人（Stakeholder）的角度来进行各项管理工作。

13.1.1 企业社会责任与绿色管理

企业与各环境成员的联结关系（图13-1）因成员的身份不

同而不同，其中企业组织原本与环保人员、小区邻居为散漫性联结，由于最近环保意识高涨，其联结关系已日趋紧密。在这个信息日渐开放，人们意识形态逐渐改变的环境中，现在的企业有别于传统的企业，已不能视企业为封闭的组织，应该重视本身与环境的互动，与价值链（value chain）中的各活动参与者建立密切的关系（Linkage)，使企业在得到合理的利润同时保有高质量的环境，借以达成绿色环境的目标。

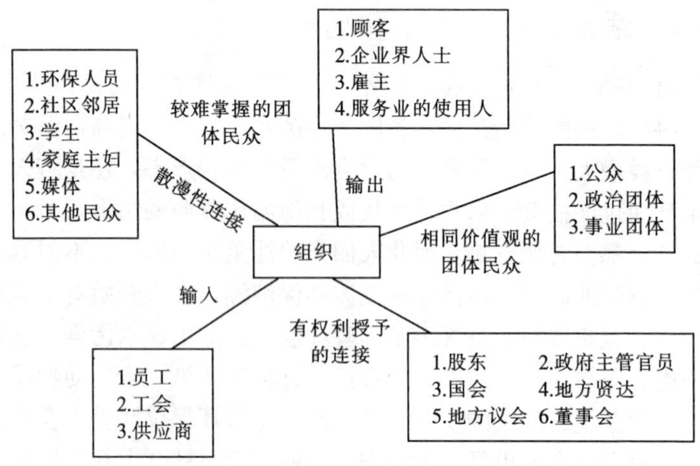

图 13－1　企业与其利益关系人的联系

再就企业社会责任面来看，企业社会责任包含四种层面：经济责任、法律责任、伦理责任、自裁责任，其演化的阶段详见图 13－2。可见社会大众要求企业所负的社会责任已逐渐由提供就业的经济责任，转移至环境的伦理责任，与自愿执行的自裁责任。企业组织的策略目标也由传统追求利润极大化，转移至赚取合理利润并提供小区或社会良好的生活质量，这正呼应企业组织与小区民众、环保人士的连接日趋紧密。

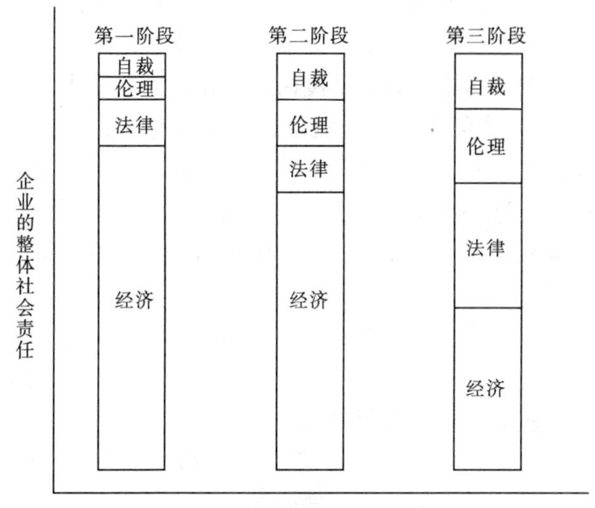

图 13-2 企业社会责任演进图

13.1.2 环境保护的问题

现今在环境保护方面，最主要问题有以下几部分：

(1) 温室效应。专家预估在 2050 年地球的平均温度将比现在上升 2℃。这个幅度相当于过去一万年地球平均温度的上升情形。温室效应将导致全球气候异象，可能会产生干旱、暴雨及冰山的融化，若南北极中所有的冰山融化，将使得海平面上升 60 厘米，到时将有许多的陆地低于海平面，像荷兰、孟加拉国等地势较低的国家将沉入海底，由此可知温室效应的影响有多深远。

(2) 空气污染。一个健康的成人每分钟呼吸的空气约 13 升，而且若超过 5 分钟而没有空气，人类将会死亡。此外，粒状污染物对人体也有极大的伤害，因此空气污染是目前所迫切要解决的问题之一。

(3) 酸雨。目前世界上受酸雨危害最严重的地区，是美国东北部及西北部、加拿大东部、北欧和亚洲某些地区。

(4) 水资源污染。养猪的废污水远超过家庭污水，养一头猪相当于4～6个人的废污水排放量。我国约有半数的工厂在排放废水，这些废水有的是含有重金属的有毒物质，有的是生物难分解的有机物，这些都是造成水污染的元凶之一。

(5) 废弃物污染。废弃物，其中约有10%是属于有害物质，废弃物对环境危害越来越大。

(6) 土壤污染。我国东部沿海地区农地含有高量的重金属，而其中有80%是经由废水污染，13%是空气落尘，其余7%是农药、肥料、废弃物、酸雨等的污染。

(7) 化学品污染。1995年7月份的科学周刊（Science）报道一个案例：位于美国马塞诸塞州的“鳄鱼角”（Cape God）半岛中，有四座城市的饮用水遭受到军事基地废料弃置厂的化学品污染，这将影响到将近7万人的健康，美国国防部估计需要花费数亿美元才能让此污染环境恢复原状。

(8) 其他消费性污染。如含磷酸盐的洗衣粉、易拉罐饮料、免洗餐具、塑料的大量使用，虽然在使用上是方便了许多，但一不小心就会对环境造成更大的污染。

13.1.3 与环保相关的法律、规范

1. 世界重要的环保协议

(1) 华盛顿公约（1975）。即濒临绝种野生动植物国际贸易公约（CITES），主要在管制约3.9万种濒临绝种的野生动植物的国际贸易。

(2) 蒙特律议定书（1989）。主要在规范含破坏臭氧层化学物质的生产及消费。

(3) 惠灵顿公约（1991）。目的是限制于南太平洋区域内使用流刺网捕鱼。

(4) 巴赛尔公约 (1992)。主要是管制有害废弃物越境移转及处理。

(5) 二十一世纪议程 (1992)。巴西里约地球高峰会各出席国家所获共识并宣示保护地球环境的最高指导原则。

(6) 生物多样化公约 (1993)。保育及保护生物的多样性。

(7) 气候变化纲要公约 (1994)。防止全球暖化继续恶化。

(8) 奥斯陆议定书 (1994)。主要目的在减少硫化物排放。

(9) 国际热带原木协议 (1995)。主要在保护各类森林资源。

2. ISO 14000 国际标准制度

ISO 14000 是国际标准组织 (International Organization for Standardization, ISO) 于 1993 年成立的 207 技术委员会 (TC207), 针对环境管理与环境监控的管理系统规范, 主要包括六个项目:

(1) 环境管理系统 (SC1)。为整合环境管理系统, 使企业及工业界能以环保政策为导向并提供环境活动监测。此为一自我规范, 是以信息为基础的管理工具, 促使组织调整策略方向。

(2) 环境稽核 (SC2)。

(3) 环保标章 (SC3)。为自愿体制, 若产品符合特定标准, 便能取得此荣誉标章。

(4) 环境绩效评估 (SC4)。

(5) 生命周期分析 (SC5)。指分析一个产品从制造、使用到废弃过程中可能对环境的影响, 以使产品自原料、生产能源到产品的使用、回收、再利用及废弃等过程都能符合环保规定。

(6) 专有名词及定义 (SC6)。

简而言之, ISO 14000 中要求企业从原物料、制程、包装到废弃物处理, 都需能符合环保标准, 因此虽非强制性的标准, 但极可能对企业造成贸易障碍。

13.2 绿色管理

13.2.1 企业方面

加诸于企业的国内外环保压力愈来愈大，企业不应只是被动地遵守法令规章，更应主动负起环境保护的责任，发展环保概念的产品设计、开发绿色产品，并教育消费者配合环保工作。

1. 发展环保概念的产品设计

企业可采取以下四项对策：

（1）产品在生产与消费过程中尽可能降低能源的消耗。

（2）产品力求可重复使用与回收。

（3）产品应选择较环保的材料与加工方式。

（4）尽量延长产品的使用期限。

而具体的发展可朝以下几个方向进行：

（1）产品经济化。使产品制造及使用对环境的冲击减低，诸如减少产品制造及使用时所耗费的能源、迷你化产品设计以减少产品的体积和用料、弹性及模块化的产品设计以提升整体资源使用效率。

（2）产品包装简化。减少或完全去除产品的包装，目前有许多产品都已过度包装，远超过其卫生安全的要求，而使得废弃的包装材料占废弃物的大部分。因此包装材料的简化、再利用及包装材料的开发、包装技术的改进，都是环保技术发展的重点。

（3）产品易维护化。因应消费形态的改变，目前许多产品的维护作业为求方便大都采用更换而非维修的方式，如此不但浪费资源，对环境更是造成更大的负荷，因此未来产品的设计开发，其故障维修的可行及方便维护性，是一项重要因素。

（4）产品可回收化。当产品经消费使用后或损毁不堪再用时，若当作废弃物直接丢弃将会造成资源的消耗以及环境的负荷，但若将其适当地回收处理、再利用，则其对环境的冲击将会减低。因此尽量使用可回收的产品材料与零件，并明确标示可回收部位的名称与特性，促进产品的回收与再利用，亦是绿色的产品设计。

（5）产品耐用化。抛弃式（Disposable）产品的开发及大量应用，带来人类生活上的便利，但却产生大量废弃物。未来当消费习惯更为环保化后，开发方便且能重复使用的产品将更为环保。而对于一般产品若能将使用寿命的延长，也可以大幅降低资源的耗用及污染的产生。

（6）产品制造环保化。避免使用会导致环境污染或有毒的材料与加工方式，同时加强材料与加工方式的环境影响评估，建立环保材料与加工方式的数据库作为产品设计开发的参考。

（7）产品材料易分解化。许多材料在自然环境中不易甚至不会分解，如此不但在废弃处理上造成困难，更易对环境造成极大的负荷，因此材料的易分解化将是相当重要的研究方向，但须留意分解后的安全性及安定性。

2. 开发绿色产品（green product）

所谓“绿色产品”是指对环境友好且为环境所能承受的产品。一般而言，绿色产品通常须符合以下几项标准：

（1）在制造、销售、使用和废弃过程中不会消耗过多的资源。

（2）在制造、销售、使用和废弃过程中不会显著地破坏生态环境。

（3）在制造、销售、使用和废弃过程中不会危害到人体和动物的健康。

（4）不采用濒临灭绝的动、植物作为产品的原料。

（5）产品是可重复使用及（或）可回收再利用的。

（6）不因包装过度或产品寿命过短而造成不必要的浪费。

3. 对消费者的教育

对于生态环境的保护，除了靠企业在产品设计开发、制造与包装上的改进，更需要消费大众的配合与支持，因此企业应积极教育消费大众有关环境保护的理念与做法。例如减少消耗（reduce）、反复使用（reuse）、回收再利用（recycle）与循环再生（regeneration），并鼓励消费大众共同配合企业参与生态环境的保护工作。

13.2.2 政府方面

因为企业为了环保所推行的各项措施都可能会增加企业的成本，而为了使环保工作彻底执行，避免有些企业未投入环保的行业，往往需要由政府部门制定法律来强制执行。下面将介绍政府公共政策或法律订定方面积极鼓励上的可行做法：

（1）培训污染防治专门人才。委托学术单位、财团法人培训污染防治人才，并设立污染防治专责单位及人员。

（2）推广环保教育。举办污染防治及环境保护相关研讨会，并印制防治污染手册及环保手册给从业人员参阅。

（3）配合国际环保法令及趋势。制订各项符合国际环保协议的环保标准。

（4）实施减废措施。包含政策法令修订，设立各项环保设施投资抵减、低利贷款、免缴关税、加速折旧等经济政策，设立各种咨询渠道供厂商利用及辅导各企业实施减废，定期表扬减废成效绩优的工厂、个人及团体。

（5）推行工业污染防治鼓励措施。设置污染防治设备与技术的相关投资减免，免缴进口污染防治设备的进口关税等。

（6）落实土地政策。确实执行土地分级制度，使工业区、商业区、农业区与住宅区符合其土地使用需要规划。

（7）建立污染者付费制度与各产业操作规范。

13.3 清洁生产

1989 年联合国环境规划署（United Nations Environment

Program，UNEP）提出清洁生产（cleaner production）的理念及特性，从此清洁生产即在各国被热烈讨论。1992 年 6 月在巴西举行的联合国环境与发展大会（UNCED），各国代表在最后的二十一世纪议程报告中，确立清洁生产为协调环境和经济发展的关键方式。自此以后，“清洁生产”成为极重要的国际趋势。

13.3.1 清洁生产的意义

“清洁生产”一词是由联合国环境规划署于 1989 年首先提出。如图 13－3 所示，清洁生产是以改变态度出发，持续对程序、产品与服务应用整合性的污染预防策略，以减少人类与环境遭遇的风险，进而提高生态效率，迈向永续发展。其中：

（1）对制程而言。清洁生产包含了节省原料及能源、不用有毒原料，并且减少排放物及废弃物的数量及毒性。

（2）对产品而言。清洁生产在于减少整个产品生命周期（亦即从原料的萃取到最终的处置）对环境的冲击。

（3）对服务而言。清洁生产在于减少因提供服务而对于环境造成的影响。因此在设计及提供服务的生命周期中，都应该将环境因素考虑融入其中。

（4）清洁生产需要借助改变态度、有责任的环境管理及评估的科学方法来达成。

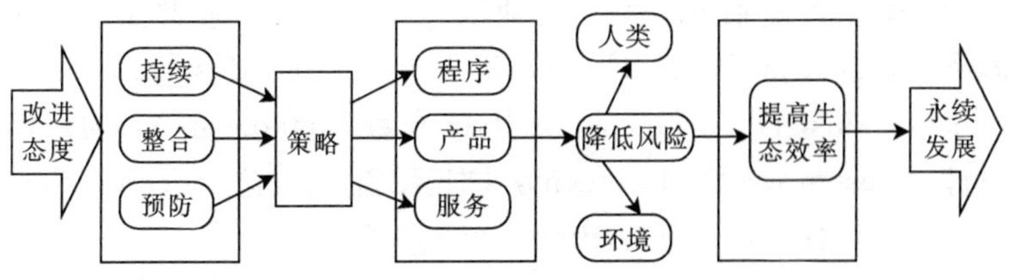

图 13－3　清洁生产的定义

如图 13－4 所示，清洁生产的范畴包括了企业内部与外部所有利益相关者（Stakeholders）的互动关系。企业外部的范畴包括国际公约、国家与地方的相关政策与法令、原料的上游供货商、金融公司消费者及小区民众等。企业内部的范畴则包括生产、管理、采购及员工的教育训练等。其中有关清洁生产技术的范畴可以图 13－5 表示。

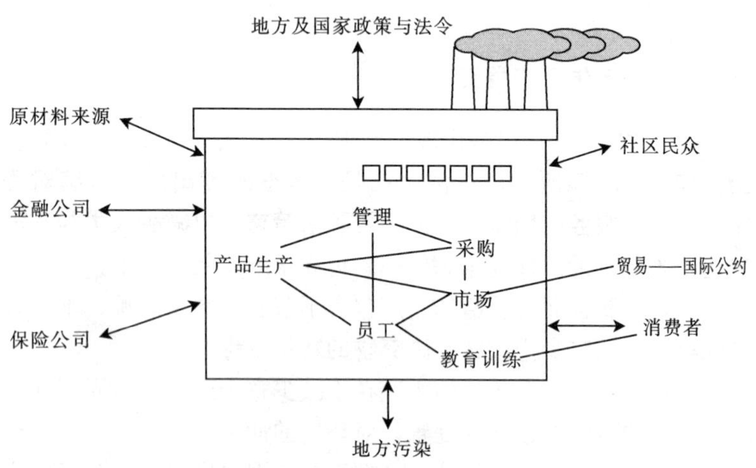

图 13－4　清洁生产的范畴示意图

清洁生产的英文 cleaner production，其含义即说明清洁生产的精义在于持续改善。与清洁生产意义相近的名称包括：减废（Waste Minimization）、污染预防（Pollution Prevention）、ISO 14000 环境管理系统、生态工业区/工业生态/工业共生（Ecological Industrial Park or Industrial Ecology or Industrial Ecosystem or Industrial Symbiosis or Industrial Metabolism）、为环境设计（Design for Environment，DfE）、生态效益（Eco-efficiency）、绿色生产力（Green Productivity）等。

施行清洁不会增加成本，反而因为生产效率的增加而提高生产力，并节省昂贵的污染控制及处理费用。投资清洁生产与投资污染控制不同，初期清洁生产投资增加较污染控制投资快

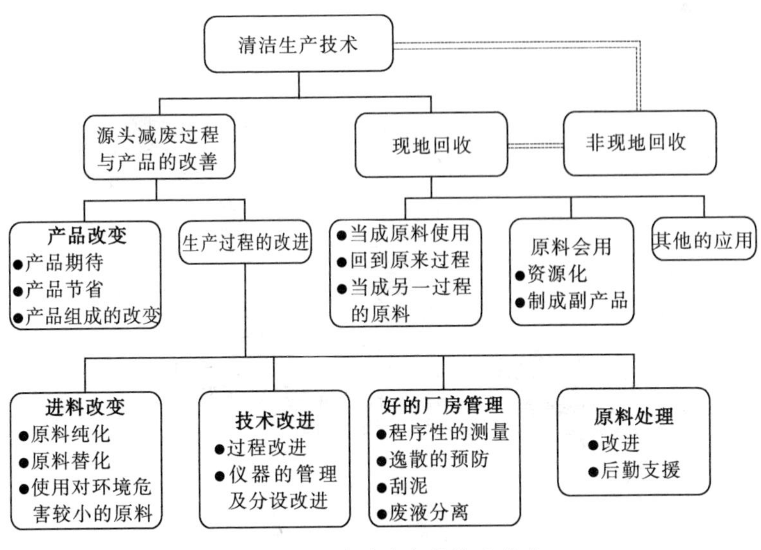

图 13-5 清洁生产的技术范畴

速，然而随时间的增加，清洁生产投资不再增加，污染控制投资却继续增加。因为清洁生产能在原料、能源、污染控制、废弃物清除处理，及符合法规方面节省成本，因而能有较低的操作与维护成本。一般来说，清洁生产的投资可在数月至数年内回收。

此外，清洁生产亦促进企业成为“负责任的企业”。根据联合国永续发展委员会 1998 年指出，一个负责任的企业需包括三个阶段程序：①符合国家法规（compliance with national law）；②符合国家法规且实行生态效率措施（compliance and eco-efficiency）；③符合法规、实行生态效率措施并给予产业新的策略性定义。所谓新的策略性定义乃将永续发展的“三个基准线”（经济繁荣、环境质量与社会安定），纳入设计、产品、程序、服务、市场、采购等产业活动的考虑（图 13-6）。

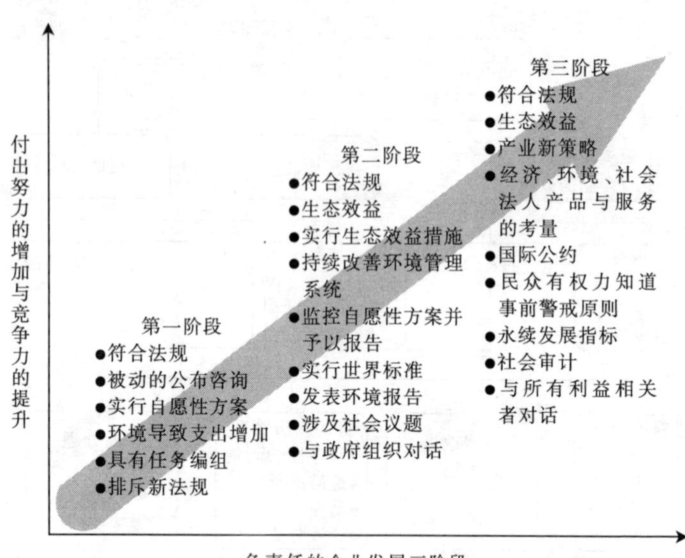

图 13－6　联合国永续发展委员会对负责任企业的定义

13.3.2　清洁生产发展状况

自“联合国环境规划署”于 1990 年开始推动清洁生产以来，清洁生产已成为趋势。不仅如此，各国间相互牵动的关系已使全球清洁生产活动形成一种相互影响的网状形态（network）。全球清洁生产发展现况可从全球清洁生产发展策略、国家清洁生产中心计划、清洁生产圆桌组织，及清洁生产国际宣言四方面来讨论。

1. 全球清洁生产发展策略

如图 13－7 所示，全球清洁生产发展策略，大致可归纳成五个步骤：

（1）发展清洁生产愿景——大处着眼小处着手。

（2）建立清洁生产需求的共识。

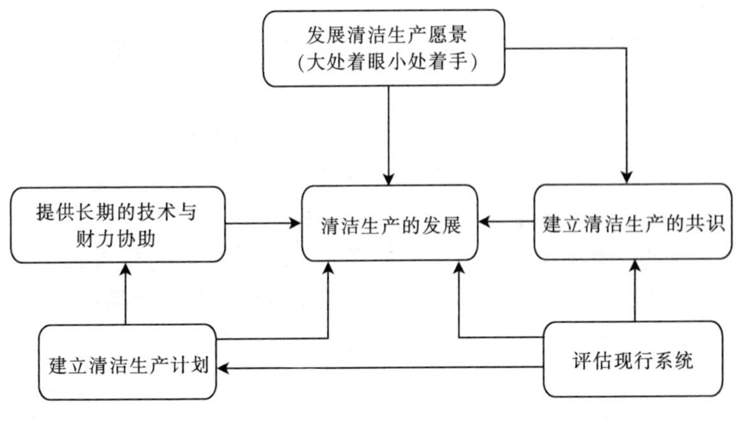

图 13-7 世界现行清洁生产系统

（3）评估现行系统。

（4）建立清洁生产计划。

（5）提供长期的技术与财力的协助。

以“大处着眼小处着手”作为发展清洁生产的愿景，其目的在于避免“太多工作与太快进行”的陷阱，及分辨长期与短期目标的差别。长期目标在于通过指导委员会及信息中心等组织的成立，将清洁生产推广至所有工业；短期目标则指对于特定工业清洁生产的推动。“大处着眼小处着手”亦提醒政府及企业勿以为限制太多而无从施展。

建立清洁生产需求的共识，首先应确认何人、何机构将是施行清洁生产方案的主体。其次，应向政府、企业、各非政府组织的各阶层人员倡导清洁生产的理念与重要性。此外，政府亦可公告清洁生产为国家的优先政策以促进全民共识的形成。

评估现行系统在拟定清洁生产政策与施行清洁生产计划之前，各国政府需评估各项制度或政策中是否存在偏差的清洁生产概念。这些政策或制度包括：创新政策、工业政策、原料采购价格制度、贸易政策、课税系统、教育课程、环境法规，及技术研发政策等。

建立清洁生产计划包括示范计划、教育、训练、能力建立及推广与倡导。根据经验，成功的清洁生产计划的关键在于：管理改善、替代有毒原料、程序改善、废弃物场内回收及产品设计。此外，在建立计划中亦可发现，清洁生产五方面典型的障碍为：观念、组织、技术信息、财力及自信心。

提供长期的技术与财力的协助在于考虑避免废弃物的发生、避免意外成本及形象与关系成本，并受对环境友善产品市场发展的影响，因此需要至少五年的时间才能显出效益。清洁生产所需要的技术通常指在建立清洁生产计划时所需要的技术，例如，清洁生产计划的评估、示范厂的建立，教育与训练等。此外，长期的技术与财力协助亦可显推动清洁生产的决心。

2. 国家清洁生产中心计划

为协助发展中国家将清洁生产的理念纳入国家环境政策之中，同时协助发展中国家建立施行清洁生产的能力，联合国工业暨发展组织于 1994 年开始“国家清洁生产中心计划”（National Cleaner Production Centers Program），并以“联合国环境规划署”作为协助单立。该计划的目标是通过各国国家清洁生产中心（National Center Production Center，NCPC）的成立而建立四方面的能力：场内评估（In-Plant Assessment）、训练（Training）、信息传播（Information Dissemination）及政策咨询（Policy Advice）。

“国家清洁生产中心计划”共分三阶段进行。第一阶段的目标为协助成立国家清洁生产中心并建立各中心场内评估及训练的能力；第二阶段的目标在于建立各国家清洁生产中心信息传播与政策咨询的能力；第三阶段则强调建立全国性与国际性的系统功能与策略联盟。

“联合国工业暨发展组织”从执行“国家清洁生产中心计划”的经验，对各国国家清洁生产中心或其对等组织提出以下八项建议：

（1）成立国家清洁生产中心并具有推动清洁生产催化剂的功能，所需时间至少为五年。

（2）接受完整训练的清洁生产专业人员应授予证明书或执照予以肯定。

（3）清洁生产必须与环境管理系统相互整合，同时推动。

（4）需按不同行业发展清洁生产技术。

（5）在清洁生产为优先的前提下，考虑与其他环境改善单位共同合作。

（6）通过技术合作为经验交流，建立国家清洁生产中心之间相互支持的机制。

（7）需强化功能，以确保地方功能的永久性与持续性，并逐渐减少对赞助机构的依赖。

（8）多施行兼顾“场内评估”及“政策咨询”的整合性计划，以促进清洁生产计划持续进行。

13.3.3 企业施行清洁生产的方式

制造性企业实施清洁生产技术的阶段如图 13－8 所示。图 13－8 包含两个部分：核心阶段及辅助方式。核心阶段如图中心的实线方格所示，包括开始阶段（Chartering Phase）、评估阶段（Assessment Phase）及执行阶段（Implementation Phase）。

开始阶段包括四个步骤：

（1）企业主管的承诺；

（2）建立计划；

（3）选择废弃物流（waste stream）；

（4）建立评估团队。

评估阶段包括六个步骤：

（1）资料收集；

（2）设定目标；

（3）定义问题；

(4) 提出方案；

(5) 筛选方案；

(6) 评估经过筛选的方案。

执行阶段包括五个步骤：

(1) 选择执行方案；

(2) 建立初步执行计划；

(3) 确定已获得执行的许可；

(4) 开始执行；

(5) 保持人员的参与。

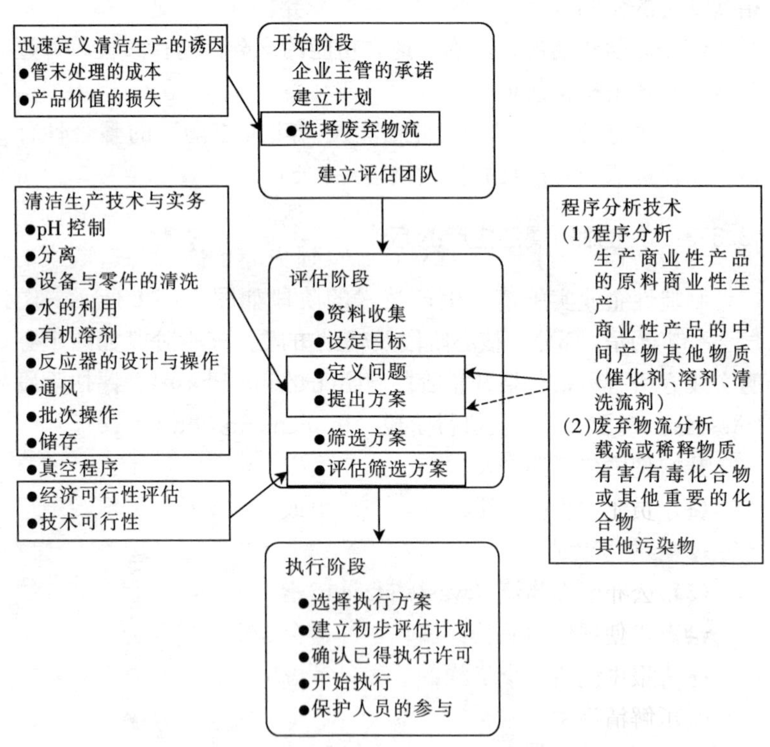

图 13-8　企业执行清洁生产技术的方式

在开始阶段中建立清洁生产计划的步骤有：

（1）召开计划说明会议。召开所有相关人员可以侃侃而谈的计划说明会议，并解释每位参与者在计划中扮演的角色。如果清洁生产是附属于公司其他课题之下，则应设法将清洁生产的重要性单独出来予以讨论。

（2）指定一团队领导人（Team Leader）。该团队领导人必须对公司的制造等作业流程相当熟悉，且具有领导能力及专业领域的知识与经验。

（3）建立矩正（Metrics）。亦即建立衡量进度的方法。最简单的矩正为每标准生产单位所产生的废弃物量。例如，每千克的产品产生多少千克的废弃物，或每单位产品导致多少废弃物产生成本。矩正的种类不应过多以免分散注意力。

（4）迅速定义清洁生产的起始经济诱因（Initial Economic Incentive）。随各公司的情况不同，各公司的清洁生产起始经济诱因不尽相同。最普遍的三种起始经济诱因是：避免安装新的管末处理设备而节省的资本支出、原料损失的价值及制造成本的降低。

（5）为清洁生产创造诱因。最简单的诱因为奖励措施，例如奖金等。另一有效的奖励措施为将员工的环境绩效列入员工的考绩项目之一。

（6）使清洁生产信息广泛传递。借以下方法使清洁生产的心态深植于员工心中，以免于在公司改组或职务衔接时，清洁生产受到影响。

经常公布清洁生产进度量测及环境稽核的结果，刊登法规的最新动态，使环境相关信息出现在各种会议中，如安全卫生及一般业务汇报中成为一项必须的议程，考虑发行简讯或其他方式协助员工了解清洁生产施行进度。

一般制造程序都会有主要（major）及次要（minor）废弃物流的产生。主要废弃物流不一定是指量大的废弃物，而是具有重大经济冲击性质如剧烈毒性等；次要废弃物则有如微量的泄漏、排放或维修过程产生的废弃物等。工程人员不必找出所有次要废弃物的发生原因，但应注意对“次要废弃物”经常提供清洁生产——快速提示（quick-hit）的机会。亦即借“快速提示”，可以在低或无资本的情况下，迅速完成清洁生产计划。通常，废弃物评估皆先选择主要废弃物，接着再选择次要废弃物。如果遇到相当难处理的主要废弃物，亦可先选择次要废弃物以建立信心。

评估阶段是清洁生产的核心，其目标在于协助评估团队了解废弃物产生的原因，及如何提出产源减量的方法。评估阶段中数据的收集针对以下六方面的信息：

（1）具有质能平衡的程序流程图。这一信息为最基本的需求，其项目包括：流程图质量平衡电子表格、具体程序说明的操作手册、设备说明及厂商提供的相关信息、管线及仪器图形、设备及支持系统的配置信息、化学程序的仿真输出信息等（chemical-process simulator output information）。

（2）程序化学。程序化学包括原料、催化剂、产品与副产品的重要物理及化学性质、化学反应的定义、产品是否为中间产物、反应器操作条件、反应物添加方式、产品取出方式及微量杂质等。

（3）法规信息。评估团队必须掌握目前及未来法规的动向。基本的法规信息包括许可的申请、废弃物稽核报告、有害废弃物报告、排放清单及废弃物运输清单。

（4）原料及生产的预测。此部分的信息包括产品组成及批量清单（batch sheet）、物质安全数据表（Material Safety Data Sheet，MSDS）、原料清单记录、操作员数据记录簿、操作程序及生产时程。

（5）会计信息。会计信息指产品制造的固定及非固定的成本。收集此项信息需包括以下成本项目及其说明：原料、能源、废弃物处理与处置、废弃物离地处置、废水处理、操作与维护、产品的价格。

（6）其他信息。其他信息包括：公司的计划（如目前与未来的产品收益、程序与产品的生命周期）、公司的财力需求。此外亦可考虑收集其他绩优公司的相关信息如程序结构、废气物排放等。

在评估阶段中的“定义问题”，目的在于协助评估团队了解废弃物及废弃物的产生程序。定义问题经常通过以下两种方式：

1. 场址现地勘查

场址现地勘查的准则为：

（1）行程安排以确认包括各重要的参观点。

（2）规划勘查时间亦为某特定操作项目的运转时间。

（3）能在不同时间监视每一项操作过程。

（4）能在现地访问操作员或管理人员。

（5）借照相或录像等辅助方式，观察操作的管理（housekeeping）层面，如检查泄漏或喷洒的信号，并询问避免泄漏的方法。

（6）评估公司组织结构及各部门间环境活动的协调程序。

（7）评估行政的掌握，例如成本会计程序、采购过程及废弃物收集程序等。

2. 执行废弃物流分析及程序分析技术

程序分析技术的四项步骤为：

（1）将所有反应至商业产品的原料、中间产物及商业产品列出，此为第一名单。

（2）将程序中其他物质列出，例如：非商业的副产品、溶剂、水、空气、氮气、酸、碱等，此为第二名单。

（3）针对第二名单中的每一化合物，提出以下问题：“如何改进程序以消除第二名单上各项物质的需要？”

（4）针对第二名单中导致生成非商业性产品的物质，提出以下问题：“如何借化学或程序的改进，可以消除或将此废弃物的产量减至最低？”

如图 13－8 所示，在评估阶段需借助技术可行性评估与经济可行性评估，以进行清洁生产方案的筛选。经济可行性评估重点在于应用全成本评估（Total Cost Assessment，TCA）方式计算清洁生产方案的经济效益。

13.3.4 清洁生产的未来发展

清洁生产的精义在于：

（1）环境的考虑应被融入最初的规划及未来的发展之中。

（2）环境的问题应是在防患于未然（源头预防）。

（3）环境的考虑完全应从生命周期的观点出发，避免环境问题从一个范围，转移到另一个范围。

（4）清洁生产的范畴除了包含产品及制程的污染预防之外，更将减少因提供服务所造成的环境影响纳入其中。

（5）清洁生产是一个不断持续改善的过程。

（6）清洁生产大大节省了昂贵的管末处理成本，并提升企业竞争力。

未来十年内国际清洁生产面临的挑战为：

（1）找出更好的方法以沟通清洁生产信息。

（2）转移清洁生产从供应导向（supply driven）至需求导向（demand driven）。

（3）有与工业界真正成为伙伴关系的决定。

（4）增进小区的参与。

企业施行清洁生产的关键在于提出“清洁生产智慧”的概念，亦即企业应当提出正确的问题，则可实行更实际及更经济的清洁生产解决方案。

参考文献

黄敏学．电子商务［M］．北京：高等教育出版社，2007.

徐庆璋．中小企业建构制商整合环境之研究［D］．台北科技大学硕士论文，2000.7.

贾宗星．基于工作流的协同办公系统的设计与实现［J］．计算机时代，2009（3）．

兰功博．基于工作流的信息管理系统研究［J］．科技资讯，2009（12）．

胡祯．浅谈我国机械制造业的信息化［J］．今日科苑，2009（12）．

王洪斌．试析我国机械制造业的信息化［J］．黑龙江科技信息，2007（14）．

高峰．机械制造业如何实现信息化［J］．黑龙江科技信息，2008（07）．

李长明，马宁．基于电子商务的机械制造业发展初探［J］．科技资讯，2008（08）．

李雷．绿色制造——机械制造业的发展趋势［J］．甘肃科技，2009（22）．

高波，张凤香．基于管理理论的先进制造理论与实践［J］．河北工业大学学报，2006（01）．

高勇．从商业业态的发展趋势看商业自动化的出路［J］．信息与电脑，2010（03）．

辛海涛．现代商业自动化管理模式分析［J］．商业研究，2004（11）．

王佩光，李心科，张晓林．ERP 系统中供应商管理的最佳实践［J］．安徽电气工程职业技术学院学报，2009（01）．

江大学国际创新研究院．从卓越供应链到价值创造——记 2007 年全球供应链管理联合论坛［J］．社科经纬，2008（04）．

赵世同．企业实施供应链管理的战略意义［J］．安徽电子信息职业技术学院学报，2007（06）．

苏建茹，李晓林．供应商选择方法及其比较［A］．北京市高等教育学会技术物资研究会第十届学术年会论文集，2008.

高昕欣．全球化供应链管理的风险防范研究［J］．黑龙江科技信息，2009（09）．

崔涛．制造型企业绿色供应链实施探讨［J］．成组技术与生产现代化，2008（02）．

扬洋．基于系统动力学的供应链管理研究［D］．西南交通大学，2008.

潘玉．对以 ERP 为核心的企业信息化的探讨［J］．应用科技，2010（13）．

董咏涛．激发 ERP 系统在企业管理创新中的活力［J］．中国科技信息，2009（07）．

黄怡．刍议 ERP 系统在制造业公司中的应用［J］．现代商业，2010（07）．

蔡颢．论政府全面质量管理下的公共服务品质提升［J］．金卡工程（经济与法），2010（09）．

吕周洋，丁琼洁．供应链中服务品质保证的制造商监控策略［J］．河海大学学报（哲学社会科学版），2010（01）．

洪江涛，陈俊芳．供应商联合质量管理的激励机制［J］．系统管理学报，2009（01）．

胡本勇，王性玉．考虑努力因素的供应链收益共享演化契约［J］．管理工程学报，2010（02）．

但斌，任连春，张旭梅．供应链环境下制造商产品质量改进决策模型[J]．工业工程，2010（02）．

陈楠．基于供需合作的供应链质量风险控制研究［D］．哈尔滨工业大学，2008.

郑永前，陈洁．基于 UML 的面向服务的纺织制造执行系统建模［J］．制造业自动化，2010（08）．

蔡宗琰，张媛，李小宁．面向制造企业信息集成的企业资源计划系统的功能模型［J］．机床与液压，2008（05）．

肖力墉，苏宏业，苗宇，褚健．制造执行系统功能体系结构研究[A]//2009 中国过程系统工程年会暨中国 MES 年会论文集［C］，2009.

潘美俊，饶运清．MES 现状与发展趋势［J］．中国制造业信息化，2008（09）．

丁小进，王遵彤，乔非．ERP 与 MES 的集成新模式研究［J］．机电一体化，2007（03）.

CharlesC. Poirier and Stephen E. Peiter. Supply Chain Optimization：building the strongest total business network. Berrett-Koehler Publish，June 1996.

Christopher，“Logistics and Supply Chain Management：Strategies for Reducing Costs and Improving Services”，Pitman，London，1992.

Cooper，M. C.，D. M. Lamber，and J. D. Pagh. Supply Chain Management More Then a New Name for Logistics. The Internal Journal of Logistics Management，Vol8 p1－14，1997.

Don Tapscott，Alex Lowy and David Ticoll. Blueprint to the Digital Economy：Creating Wealth in the Era of E－Business. McGraw-Hill，1998.

Douglas M. Lambert，Matha C. Cooper and Janus D. pagh . Supply Chain Management Implementation Issues and Research Opportunities. The International Journal of Logistics Management，Vol. 9 No. 2，1998.

Ellram. Supply Chain Management. Internal Journal of Physical Distribution and Logistics Management，V21 p12－33，1991.

Johnson and Wood. Contemporary Logistics 7th Edition. Prentice Hall，January 1999.

Ravi Kalakota and Andrew B. Whinston. Electronic Commerce ：A Manager's Guide. Addison-Wesley Publish，December 1996.

Ravi Kalakota and Andrew B. Whinston. Frontiers of Electronic Commerce. Addison-Wesley Publish，January 1996.

Ricardo Ernst，Panos Kouvelis，Philippe-Pierre Dornier，Michel Fender. Global Operations and Logistics：Text and Cases. John Wiley & Sons，March 1998.

Stevens and Graham. Integrating the Supply Chain. International Journal of Physical Distribution and Material Management，V19 p3－8，1989.

arvin，David A. What Does Product Quality Really Mean? . Solan Management Review，26（1）：25－43，1984.

ronroos，C. Strategic Management and Marketing in Service Sector，Marketing Science Institute，MA，1983.

arasuraman，A.，Valarie A. Zeithaml，and Leonard L. Berry. A Conceptual

Model of Service Quality and Its Implications for Future Research. Journal of Marketing, 49, Fall 1985, 41－50.

arasuraman, A., Valarie A. Zeithaml, and Leonard L. Berry. SERVQUAL: A Multiple-Item Scale for Measuring Consumer Perceptions of Service Quality. Journal of Retailing, 64 (1) Spring: 12－40, 1988.

asser, W. Earl, R. Paul Olsen & D. Daryl Wyckoff. Manaement of Service Operations-Test. Cases, and Readings, Allyn and Bacon, 1987.

图书在版编目（CIP）数据

制商整合管理／贠晓哲著．—北京：中国农业出版社，2010.10

ISBN 978-7-109-15034-8

Ⅰ．①制…　Ⅱ．①贠…　Ⅲ．①制造工业-自动化技术-研究-中国②商业-自动化技术-研究-中国　Ⅳ．①T②F716

中国版本图书馆 CIP 数据核字（2010）第 192680 号

中国农业出版社出版

（北京市朝阳区农展馆北路 2 号）

（邮政编码 100125）

责任编辑　赵　刚

中国农业出版社印刷厂印刷　　新华书店北京发行所发行

2010 年 10 月第 1 版　　2010 年 10 月北京第 1 次印刷

开本：850mm×1168mm　1/32　　印张：8.75

字数：216 千字　　印数：1～1 000 册

定价：28.00 元